U0170696

INTERNET DATA REPORT ON CHINA'S SCIENCE POPULARIZATION

中国科普互联网数据报告 2021

钟　琦　胡俊平　王黎明◎著

科学出版社

北　京

内 容 简 介

在《全民科学素质行动计划纲要（2006—2010—2020年）》及其实施方案的指引下，中国科协实施科普信息化工程，开展“科普中国”品牌建设，取得了5年阶段性成果。中国科普研究所科普信息化研究课题组于2015年创建了科普互联网数据分析研究方向，开展系列专题跟踪研究，旨在向公众呈现互联网科普现状，为科普工作者提供一份可参考的科普数据分析报告。

本书适合科普工作者、科学传播研究者，以及对相关话题感兴趣的读者参考和阅读。

图书在版编目（CIP）数据

中国科普互联网数据报告. 2021 /钟琦，胡俊平，王黎明著. —北京：科学出版社，2022.1

ISBN 978-7-03-070609-6

Ⅰ. ①中… Ⅱ. ①钟… ②胡… ③王… Ⅲ. ①科普工作-研究报告-中国-2021 Ⅳ. ①N4

中国版本图书馆CIP数据核字（2021）第228831号

责任编辑：张 莉 / 责任校对：韩 杨
责任印制：徐晓晨 / 封面设计：有道文化

科学出版社 出版
北京东黄城根北街16号
邮政编码：100717
http://www.sciencep.com

北京中科印刷有限公司 印刷
科学出版社发行 各地新华书店经销

*

2022年1月第 一 版 开本：720×1000 1/16
2022年1月第一次印刷 印张：11
字数：170 000

定价：78.00元

（如有印装质量问题，我社负责调换）

前　言

《中国科普互联网数据报告2021》由中国科协科普部统筹，中国科普研究所、中国科学技术出版社联合选题。2021年版数据报告不仅力求呈现当前互联网科普的格局与态势，还特别聚焦于国家科普品牌的运作，从内容生产与传播、信息员社区建设、公众满意度测评等多个方面翔实反映了“科普中国”平台的发展态势。

本书第一章从科普舆情侧面反映全网科普内容供给状况。2020年最重要的互联网科普信息媒介是微信、网络新闻、APP新闻和微博。前沿科技、应急避险、健康舆情领域的科普热度最高，北京市、广东省、山东省是全国排名前三的科普舆情热区，“嫦娥五号探测器满载而归”“国产新型冠状病毒疫苗研发成功”“北斗卫星全球导航系统正式开通”“‘九章’量子计算原型机取得突破”是最受关注的科普热点事件。

第二章总结国家科普品牌“科普中国”的运作，为其未来发展建立数据依据。2020年“科普中国”视频化、精品化、社区化趋向明显，科学辟谣影响力扩大。“科普中国”服务云新增近2000条科普视频，“科普中国”APP发布了1.6万条优质科普内容，策划了62个科普专题。全平台科普内容传播近75亿人次，月活跃用户数超过 100 万人。科学辟谣平台全年选发 12 期“科学”流言榜，收录 77 条“科学”流言，多数流言与医疗、健康、安全问题密切相关。

第三章描述“科普中国”信息员的数据画像，重点分析了科普品牌社区向基层下沉的活跃态势。2020 年“科普中国”信息员注册人数超过 350 万。不同地区的信息员社区呈现跳跃式、阶段式、均衡式等发展特点，人员的地理分布向四线、五线城市下沉集中，占比超过 60%；主体为 28 ～ 55 岁的职业人群，高学历人群占比近半。单月的活跃信息员人数高达 62 万人；科普转发传播量超过 3 亿人次。

第四章以“科普中国”公众满意度调查为基础，详细报告 2020 年公众满意度测评结果，结合历年测评数据展开深入分析。2020 年的测评结果显示，公众对“科普中国”提供的科普公共品及服务总体评价为“非常满意”，评分比 2019 年略高。行政 / 管理职业组、高学历组、25 ～ 35 岁组、女性组的满意度均高于各自的对照组。2017 年以来的数据显示，公众满意度始终在“满意”和“非常满意”间快速波动。这些分析折射出平台分众运营的焦点。

本书第一章所用数据通过舆情系统爬取，由人民网舆情数据中心提供。第二章、第三章所用数据为“科普中国”官方运营数据，第四章所用数据收集自“科普中国”公众满意度调查问卷，由中国科学技术出版社提供。在此向两家数据合作方致以诚挚的感谢。限于作者的学识水平和数据资料的完整性，书中的观点或结论如有不当之处，恳请读者予以批评指正。

全体作者

2021 年 11 月

目　录

第一章

互联网科普舆情数据报告

互联网科普舆情研究通过对全网科普大数据的抓取与分析，了解网民关注的科普领域热点，通过对重点、热点科普事件发生时的科普舆情开展多维度分析，解读事件发酵的传播路径与公众态度，为相关部门决策提供科学依据和支持。本报告所使用的 2016 ～ 2019 年数据由新华网与北京清博大数据科技有限公司（以下简称清博大数据）提供，对在其数据基础上产生的各类研究报告进行分析阐述。自 2020 年起，本报告的数据源由清博大数据更换至人民网舆情数据中心。从数据与报告特征来看，新的数据源更加突出各个时间段的热点科普事件与辟谣事件。

第一节 互联网科普舆情数据报告内容框架

为了获取数据，人民网舆情数据中心监测了网络新闻[①]、报刊、论坛博客、微信、微博、APP 新闻[②]共六大来源的海量数据。本研究相关报告的数据抓取即以此为背景，根据提前选定的十大科普领域种子词，通过技术手段对全网六大来源的相关科普数据进行抓取，结合人工分析形成互联网科普舆情数据报告。人民网舆情数据中心统计的数据标准与清博大数据不同，因此在数量级上略有差异，但对传播数据的分析仍能反映出各个平台的传播状况。互联网科普舆情数据报告共有三种呈现形式，分别是研究月报、研究季报和研究年报。

一、确定科普领域主题、种子词及监测媒介范围

在本次互联网科普舆情研究中，首先确定了十大科普领域主题及其种子词库，十大科普领域主题分别是健康舆情、信息科技、能源利用、生态环境、前沿科技、航空航天、应急避险、食品安全、科普活动和伪科学。每个科普领域主题下都有相应的种子词库，种子词库每月进行迭代更新。此外，根据互联网科普舆情研究的领域，人民网舆情数据中心确定了监测媒介平台类别，通过技术手段为这些科普媒介平台打上科普标签，建立科普舆情监测的媒介平台范围，并定期进行迭代更新。通过技术手段对不同媒介平台科普信息的用户群体特征，科普信息量及用户阅览评价指标（“粉丝”数、文章数、阅读数、评论数、转发数、点赞数等），重点热点科普信息的传播路径等内容进行抓取分析，以文字、图示、趋势图等形式进行呈现，形成研究月报、研究季报和研究年报。

---

① 在《中国科普互联网数据报告 2019》第二章“互联网舆情数据报告”中称为“新闻网站”。

② 在《中国科普互联网数据报告 2019》第二章“互联网舆情数据报告”中称为“客户端文章”“头条文章”。

二、互联网科普舆情数据报告内容结构分析

互联网科普舆情数据报告主要通过“数据自动抓取 + 人工阅览分析”的方式来形成。

（一）研究月报

研究月报主要包括 5 个部分，分别是舆情数据、科普热点事件、科学辟谣热点、地方科普传播对比、舆情研判建议。

（1）舆情数据。主要通过对网络新闻、报刊、论坛博客、微信、微博、APP 新闻六大平台的相关科普信息进行抓取分析（头条新闻纳入 APP 新闻），统计不同平台的科普信息数量和百分比情况。对六大平台不同数量的信息数量用柱状图来呈现，对其不同的百分比情况用饼图来呈现。

（2）科普热点事件。指对科普热点事件的陈述与分析，具体包括舆情概述、媒体报道内容解析。

（3）科学辟谣热点。指对科普辟谣事件进行解析，具体包括辟谣事件的传播情况、谣言与真相、真相来源。

（4）地方科普传播对比。每期研究月报都对当月的地方科普情况进行比较，以及对地方的突出科普行动进行解析。

（5）舆情研判建议。每期研究月报都对当月的舆情形式进行解析，并提出相应的应对策略。

（二）研究季报

研究季报在研究月报的基础上撰写，同样包含月报的 5 个部分，与研究月报的内容、呈现形式及逻辑起点都是一样的。不同的是，研究季报的数据比研究月报的数据量更大、数据收集的周期更长，数据百分比分布及排名结果等也略有不同。

（三）研究年报

研究年报在全年数据收集的基础上撰写而成，数据量更大，时间周期更

长，相关结论和研究月报、季报的也略有不同。

三、数据分析方法

本研究采用文本分析法，共包括10份研究月报、4份研究季报、1份研究年报，研究首先对研究月报和研究季报采用统计学的方法进行取样，参考1份研究年报的相关内容，对样本中的相关数据结论进行分析，形成规律性认识。

第二节 互联网科普舆情数据月报分析

互联网科普舆情数据月报主要包括5个部分，分别是舆情数据、科普热点事件、科学辟谣热点、地方科普传播对比、舆情研判建议。纵观2020年10个月的科普舆情月报，我们可以发现其中的一些规律，以下分别进行阐述。

一、排名前三位的媒介传播平台分别是微信、网络新闻和APP新闻

在对2020年10个月的互联网科普舆情数据月报进行统计分析后发现，与其他媒介传播平台相比，微信、网络新闻和APP新闻的科普舆情信息量在六大媒介平台中位列前三位。微博的科普舆情信息总量偶尔会排进前三位，但从总的数量来看，排进前三名的媒介平台仍以微信、网络新闻和APP新闻为主。

通过全年数据可以看出，在10个月中，微信在其中8个月的科普信息总量都排名在第一位，其余两个月排名在第二位；网络新闻有2个月的科普信息总量排名在第一位，8个月排名在第二位；APP新闻的科普信息总量有9个月排名在第三位。从总的科普信息量来看，在10个月中，微信科普信息总量为2 243 228篇，网络新闻科普信息总量是1 593 612篇，APP新闻科普信息总量

为 717 828 篇（图 1-1）。

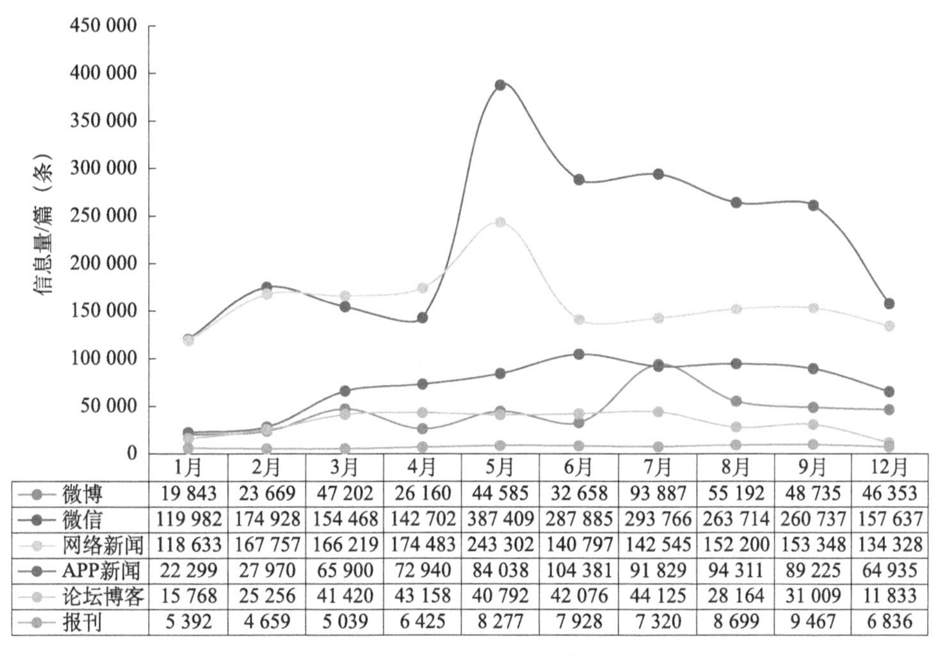

	1月	2月	3月	4月	5月	6月	7月	8月	9月	12月
微博	19 843	23 669	47 202	26 160	44 585	32 658	93 887	55 192	48 735	46 353
微信	119 982	174 928	154 468	142 702	387 409	287 885	293 766	263 714	260 737	157 637
网络新闻	118 633	167 757	166 219	174 483	243 302	140 797	142 545	152 200	153 348	134 328
APP新闻	22 299	27 970	65 900	72 940	84 038	104 381	91 829	94 311	89 225	64 935
论坛博客	15 768	25 256	41 420	43 158	40 792	42 076	44 125	28 164	31 009	11 833
报刊	5 392	4 659	5 039	6 425	8 277	7 928	7 320	8 699	9 467	6 836

图 1-1 分平台科普舆情信息量

二、排名前三位的科普领域主题分别是前沿科技、应急避险、健康舆情

通过对 2020 年的 10 份月报进行数据分析可以发现，在十大科普主题中，热度指数综合排名前三位的是前沿科技、应急避险、健康舆情。综合全年的排名来看，在 10 个月中，前沿科技主题因为涉及疫苗研究等相关技术，与百姓生活密切相关，始终排名在第一位；应急避险主题在 10 个月中始终稳定排名在第二位；健康舆情主题则排名在第三位。

三、“科普中国”排名前三位的媒介传播平台分别是微信、网络新闻和 APP 新闻

对 2020 年 10 个月的互联网科普舆情数据月报进行统计分析后发现，与其

他媒介传播平台相比，微信、网络新闻和APP新闻的“科普中国”舆情信息量在六大媒介平台中主要排名在前三位。

通过全年数据可以看出，在10个月中，微信的“科普中国”信息总量数据都排名在第一位；网络新闻的“科普中国”信息总量排名在第二位；APP新闻的“科普中国”信息总量排名在第三位，各平台排位比较稳定。从总的“科普中国”信息量来看，在10个月中，微信“科普中国”的信息总量为703 450篇，网络新闻“科普中国”的信息总量是429 055篇，APP的新闻“科普中国”信息总量为184 516篇（图1-2）。

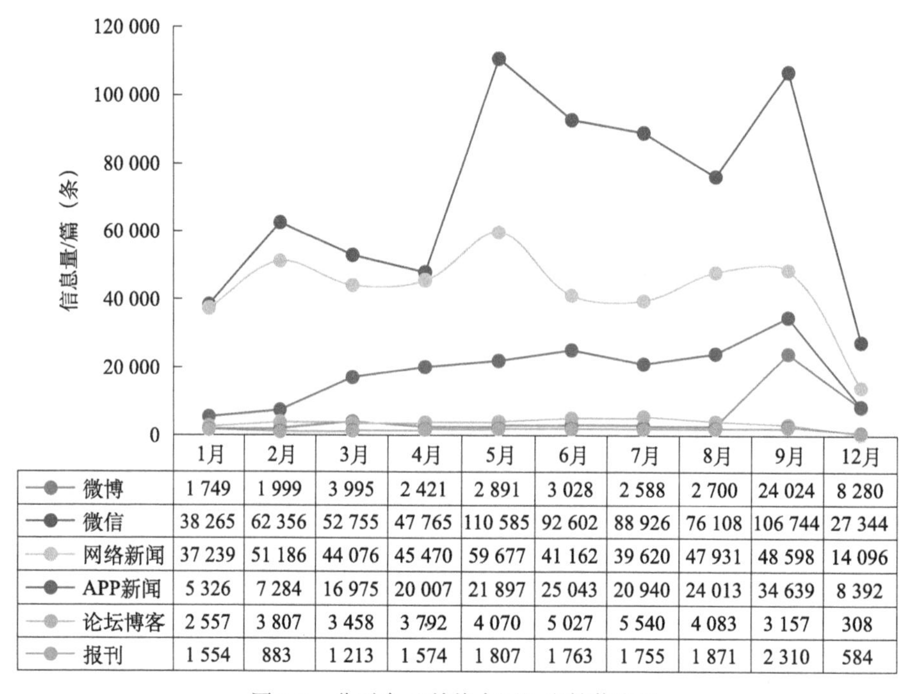

	1月	2月	3月	4月	5月	6月	7月	8月	9月	12月
微博	1 749	1 999	3 995	2 421	2 891	3 028	2 588	2 700	24 024	8 280
微信	38 265	62 356	52 755	47 765	110 585	92 602	88 926	76 108	106 744	27 344
网络新闻	37 239	51 186	44 076	45 470	59 677	41 162	39 620	47 931	48 598	14 096
APP新闻	5 326	7 284	16 975	20 007	21 897	25 043	20 940	24 013	34 639	8 392
论坛博客	2 557	3 807	3 458	3 792	4 070	5 027	5 540	4 083	3 157	308
报刊	1 554	883	1 213	1 574	1 807	1 763	1 755	1 871	2 310	584

图1-2 分平台“科普中国”舆情信息量

四、月度科普传播表现最突出的三个热区分别是北京市、广东省和湖北省

通过对2020年10份研究月报中科普舆情信息地域发布热区的统计和分析可以看出，北京市、广东省和湖北省轮流占据第一的位置。北京市5个月排名

在第一位，广东省两个月排名在第一位，湖北省则3个月排名在第一位。通过地域特点和排名顺序可以看出，经济发达的一线城市及新闻热点城市在科普舆情信息产出和网络存量上都有着突出的优势。

五、互联网科普舆情数据月报案例分析

全年共10期互联网科普舆情数据月报，本次选取2月月报作为案例分析。

（一）本月舆情概况

为了获取数据，人民网舆情数据中心监测了网络新闻、报刊、论坛博客、微信、微博、APP新闻共六大来源的海量数据，本报告以上述六大平台监测主体动态发布的科普信息与传播数据为依据。通过筛选和分析，了解各大平台对科普信息的发布力度，不同科普主题的热度，不同科普主题在监测平台上的综合热度表现、地域发布特征，不同科普主题的高热关键词，受众关注的热点科普主题，受众对科普信息的发布模式、表达偏好，对典型科普舆情的态度、看法。

人民网舆情数据中心监测显示，2020年2月1～29日，涉及科普的网络新闻为167 757篇（含转载，下同）、报刊4659篇、论坛博客25 256篇、微信174 928篇、微博23 669条、APP新闻27 970篇。本月科普舆情数据量较2020年1月明显增加，总数据量环比增加40.52%（图1-3）。

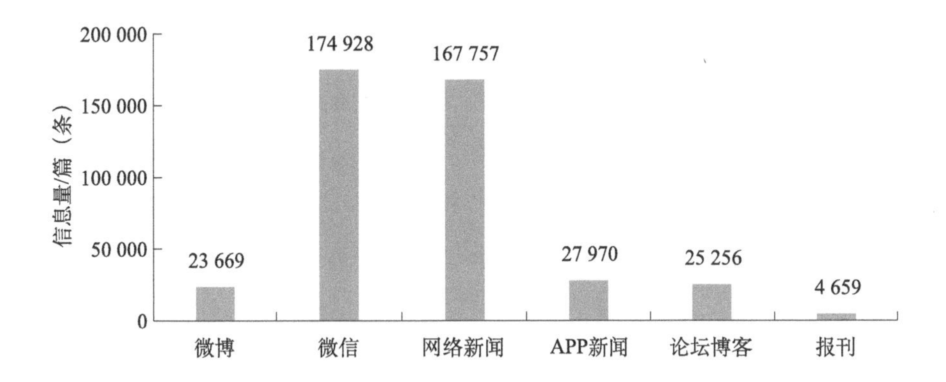

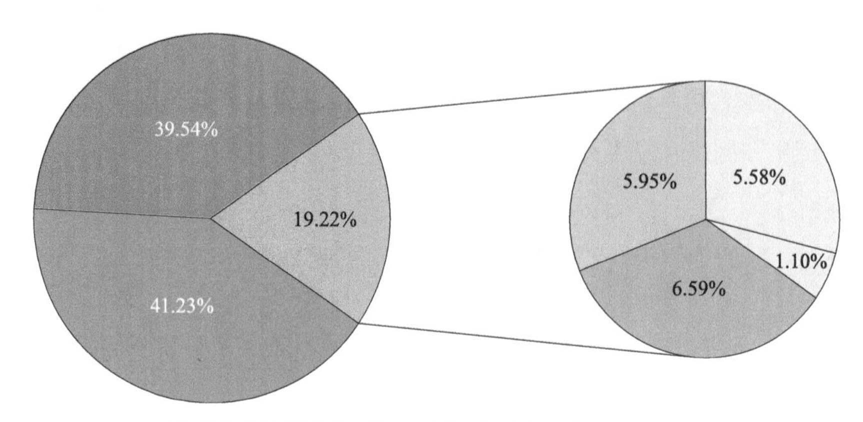

图 1-3　2 月科普相关舆情信息平台分布

注：因数据四舍五入，加和不等于 100%，下同。

本月科普舆情热度较高的领域分别为前沿科技、应急避险和健康舆情。本月前沿科技类科普舆情热度最高，占比 27%。“首例新冠肺炎逝者遗体解剖报告公布”“深圳首次揭秘灭活新冠病毒真实形貌”等相关动态提升了前沿科技领域的舆情热度。在应急避险领域，舆论对建立国家应急科普机制的呼声较高，相关动态提升了本月应急避险领域的舆情热度。在健康舆情领域，新型冠状病毒和蝗虫灾害相关科普获得舆论聚焦。

（二）科普热点事件

1. 新冠肺炎科普工作持续有序进行

（1）舆情概述

随着新型冠状病毒肺炎疫情（以下简称新冠肺炎）的肆虐，卫生知识普及的速度大大加快，助力中国民众从疫情骤起时的盲目恐慌到后来的科学应对。新型冠状病毒成为科普热点，相关新闻获得新华社、人民网、科普中国网等媒体报道，相关新闻在 2 月的分平台传播量如下：网络新闻 120 393 篇、报刊 4045 篇、论坛博客 4570 篇、微信 98 760 篇、微博 9294 条、APP 新闻 19 405 篇（图 1-4）。

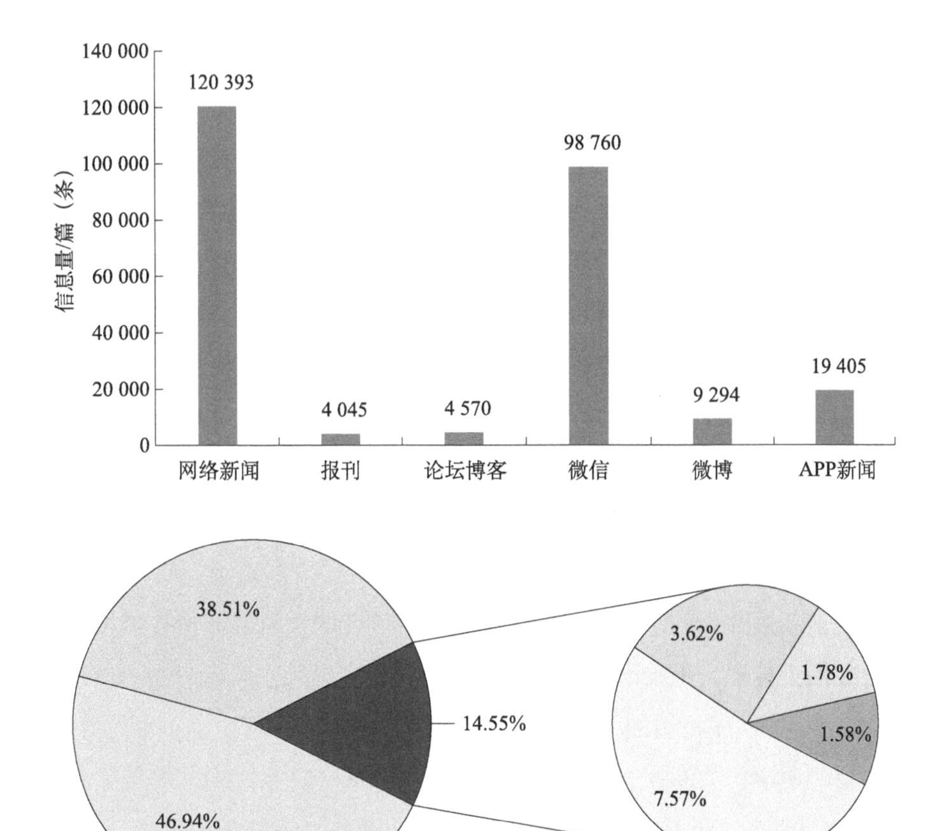

图 1-4　新型冠状病毒相关科普信息分平台传播量

（2）媒体报道与传播解析

一是科协系统全力投入新冠肺炎疫情应急科普。澎湃新闻网报道称，新冠肺炎疫情发生以来，中国科学技术协会（以下简称中国科协）深入贯彻习近平总书记重要指示精神和党中央、国务院决策部署，发挥“一体两翼”组织作用，广泛动员科技工作者积极抗疫，深入开展面向基层、面向群众的应急科普服务，形成了科协系统全面动员、全面部署、全面支持疫情防控的工作局面，凝聚科技界众志成城、共克时艰的强大正能量。

二是全国各地“土味”科普接地气，防控知识入人心。中国江苏网称，无锡市鸿山街道30名空中智能宣传员借助60个地面移动“小喇叭”，用通俗易懂的普通话和方言顺口溜循环播放，把疫情资讯、防控科普等“鸿山之声”送到居民小区、村里村外，打通防控疫情信息的“最后一公里”，筑起一张“全域防疫科普网”。广西壮族自治区浦北县江城街道宣传委员符敬武表示，他们在进村入户开展疫情排查和发放宣传资料时，顺便拉上音箱喇叭，收到很好的宣传效果，这种方式十分适合在农村宣传使用。四川省旺苍县科协主席赵元勋表示，很多老百姓对如何防止废弃口罩对环境造成二次污染缺乏认识，所以就通过大篷车“吼”起来，让大家学会科学处理使用过的口罩。

三是抗疫时期谣言不断，“科普中国”辟谣工作有序进行。在举国上下纷纷投入抗击新冠肺炎的“战疫”中，也有很多所谓的预防秘方和各类传言层出不穷地在网上传播，不仅误导了公众，造成了一些盲目恐慌和抢购，也扰乱了“战疫”的公共秩序，增加了抗击疫情的难度。“科普中国”、人民网、新华网等媒体及时邀请相关专家，对出现的谣言进行权威、动态辟谣，获得了良好的传播效果。例如，“新冠病毒会在夏天消失”“新型冠状病毒在家也能自测”“淡水鱼能传播新冠肺炎”“穿防静电服能隔绝新型冠状病毒”“点燃法可鉴别口罩真假”等均已被及时辟谣。

2. 蝗灾科普获舆论关注

（1）舆情概述

2020年非洲蝗灾逐步蔓延至亚洲，对全球粮食安全造成较大影响。本次蝗灾发源于非洲，2月已经影响到巴基斯坦、印度等亚洲国家和地区，专家表示，如果这些蝗虫得不到控制，到4月粮食成熟以后，蝗虫数量还将扩大500倍。与蝗灾有关的科普文章量在2月明显增加，相关新闻在分平台的传播量如下：网络新闻1458篇、论坛63篇、报刊8篇、微信938篇、微博1606条、APP新闻219篇（图1-5）。

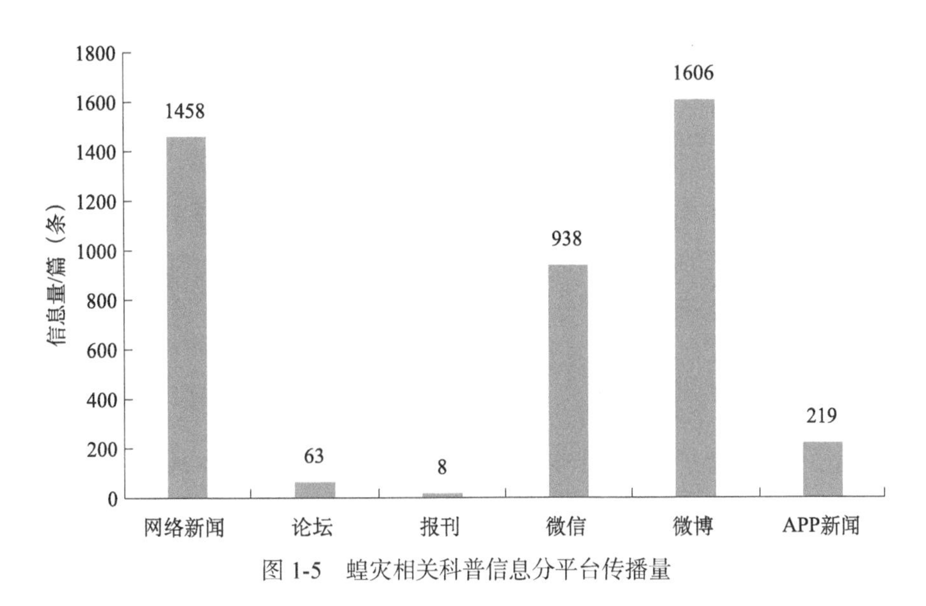

图 1-5 蝗灾相关科普信息分平台传播量

（2）媒体报道与传播解析

一是舆论担忧蝗灾蔓延至我国，或将造成粮食减产，专家及时予以回应。在全球防控新冠肺炎之际，一些国家又拉响了蝗灾警报。始于非洲的沙漠蝗灾已给多国带来巨大损失，当前中国的邻国巴基斯坦和印度也已发生蝗灾。“蝗灾是否会进入中国”“对中国将会造成什么影响”成为舆论关注的话题。农业农村部种植业管理司有关负责人表示，考虑到中国边境地区昆仑山脉和喜马拉雅山脉阻隔，蝗虫很难越过高海拔的寒冷地区。中国农业科学院植物保护研究所研究员张泽华表示，就目前发生在中国邻国巴基斯坦和印度的蝗灾来看，蝗虫主要是刚孵化的若虫，暂时越不过青藏高原，即便过一段时间长成成虫后可能飞至西藏，但西藏海拔高，还不会对中国农业产生太大影响。张泽华还表示，根据以往的迁飞路线，当年起始于非洲的蝗群依然会在 5～6 月抵达巴基斯坦和印度一带，与当地孵化的蝗虫合流后将进一步扩散至印度全境、孟加拉国和缅甸，而那时恰逢中国的季风季节，蝗虫也许会随季风进入云南。以前防控蝗灾只关注中国的北大门和西大门，现在还需要加上南大门。

二是与蝗灾相关的谣言增多。2 月底，话题“浙江 10 万只鸭子出征巴基斯坦灭蝗”冲上微博热搜。有媒体报道，我国“鸭子军团”将出征灭蝗，甚至还配上了视频和照片。浙江省农业农村厅相关工作人员表示，本次涉及捐赠鸭子的企业为浙江国伟科技有限公司（原诸暨市国伟禽业发展有限公司），目前方案正在商讨阶段，还未下定论。浙江省农业科学院专家表示，我们的鸭子起码要等到 2020 年下半年或 2021 年上半年才能过去。现在巴基斯坦治蝗主要还是靠农药，以生物方法治蝗占的比重很小，但在慢慢想办法增加它的比重。此外，“蝗灾可以靠吃来解决”“养鸭子就能解决蝗灾”等谣言在网络上传播。

（三）舆情研判

2 月，新冠肺炎和蝗灾的相关话题引发舆论高度关注，各地卫生健康委员会、科协等部门在抗疫的同时，发布大量新冠肺炎和蝗灾相关的科普文章、视频，提升了公众的科学素质，一定程度上疏解了群众对于疫情和蝗灾的恐慌情绪。

第三节 互联网科普舆情数据季报分析

互联网科普舆情数据季报主要包括三个部分，分别是分平台传播数据、总发文数走势图、十大科普主题热度指数排行。纵观 2020 年 4 个季度的科普舆情数据季报，我们可以发现一些规律，以下分别进行阐述。

一、综合四个季度，排名前两位的媒介传播平台分别是微信和网络新闻

微信和网络新闻的科普舆情信息量在六大媒介平台中主要排名在前两位。微博的科普信息总量偶尔会排进前三位，但从总的数量来说，排进前三名的媒介平台仍以微信、网络新闻和 APP 新闻为主。

在每个季度中，微信和网络新闻的科普舆情信息量合计占比都超过当季全部平台科普舆情信息量的 50%。总体而言，微信和网络新闻两个平台的科普舆

情信息量合计达到了 4 427 070 篇，占全部媒介平台科普舆情信息量的 70% 多（图 1-5）。

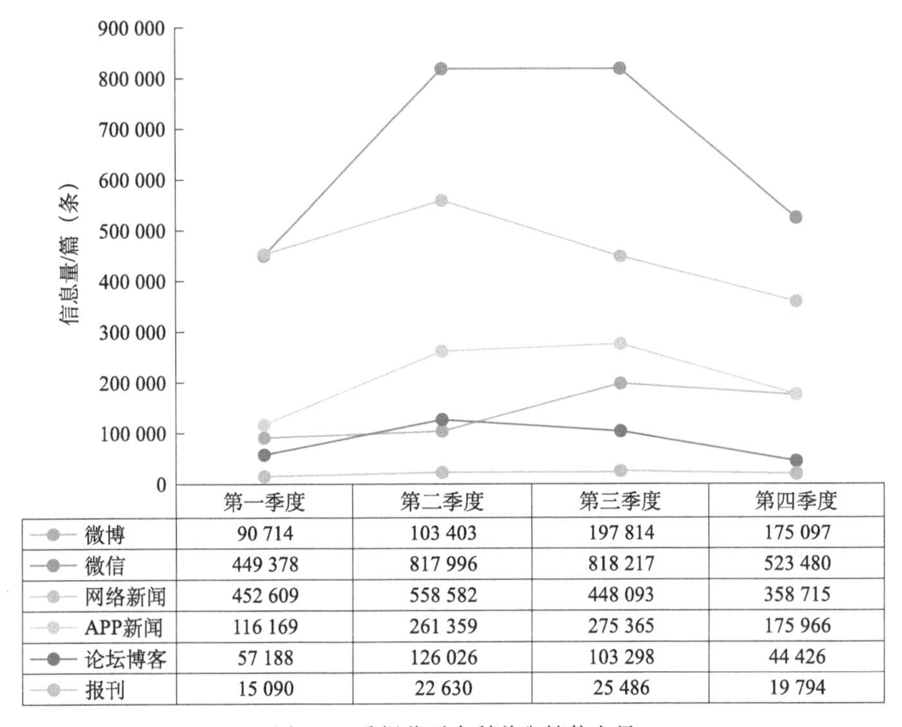

	第一季度	第二季度	第三季度	第四季度
微博	90 714	103 403	197 814	175 097
微信	449 378	817 996	818 217	523 480
网络新闻	452 609	558 582	448 093	358 715
APP新闻	116 169	261 359	275 365	175 966
论坛博客	57 188	126 026	103 298	44 426
报刊	15 090	22 630	25 486	19 794

图 1-6　季报分平台科普舆情信息量

二、四个季度排名前三位的科普主题分别是前沿科技、应急避险、健康舆情

通过对 2020 年四个季度的季报进行数据分析可以发现，在科普主题中，热度指数综合排名前三位的主要是前沿科技、应急避险、健康舆情。其中，前沿科技主题在四个季度中始终排名在第一位，应急避险主题稳定地排名在第二位，健康舆情、生态环境主题在四个季度中轮流排在第三位。

三、四个季度排名前三位的地方科普传播热区分别是北京市、广东省和湖北省

通过对2020年四份研究季报中地方科普传播热区的统计和分析可以看出，年初湖北省的传播热度占第一位，后三个季度则是北京市和广东省轮流占据第一位。

四、互联网科普舆情数据季报案例分析

全年共4期互联网科普舆情数据季报，本次选取第一季度季报作为案例分析。

（一）本季度舆情概况

2020年第一季度，网络新闻和微信是科普信息的主要传播渠道；从主题来看，前沿科技、应急避险和健康舆情热度较高；从地域来看，湖北省、北京市和山东省三地的科普传播工作最突出。新冠肺炎、蝗灾和世界气象日成为本季度的热点科普话题。舆论认为，防疫科普要易懂管用，提高科普的地位是当务之急，呼吁"野味"科普亟待加强，期待相关部门动员更多科普工作者普及疫情防护知识。综合本季度科普舆情，建议相关部门一是持续精准推进新冠肺炎相关科普与辟谣；二是完善科普政策法规，重视科学家的科普贡献；三是在科普工作中创新科学传播渠道与方式，强化"互联网＋科普"理念，顺应互联网发展视频化、社交化、游戏化的新态势，拓展社会公众参与、互动、体验渠道，实现科普效果的最大化。

监测期间，人民网舆情数据中心监测显示，涉及科普的网络新闻452 609篇、报刊15 090篇、论坛博客57 188篇、微信449 378篇、微博90 714条、APP新闻116 169篇。在本季度全网科普信息传播中，网络新闻和微信是主要的传播渠道，均占比超过38%；APP新闻和微博传播量也较为突出，分别占比9.84%和7.68%。此外，论坛博客、报刊的传播量稍低于其他平台，分别占比4.84%和1.28%（图1-7）。

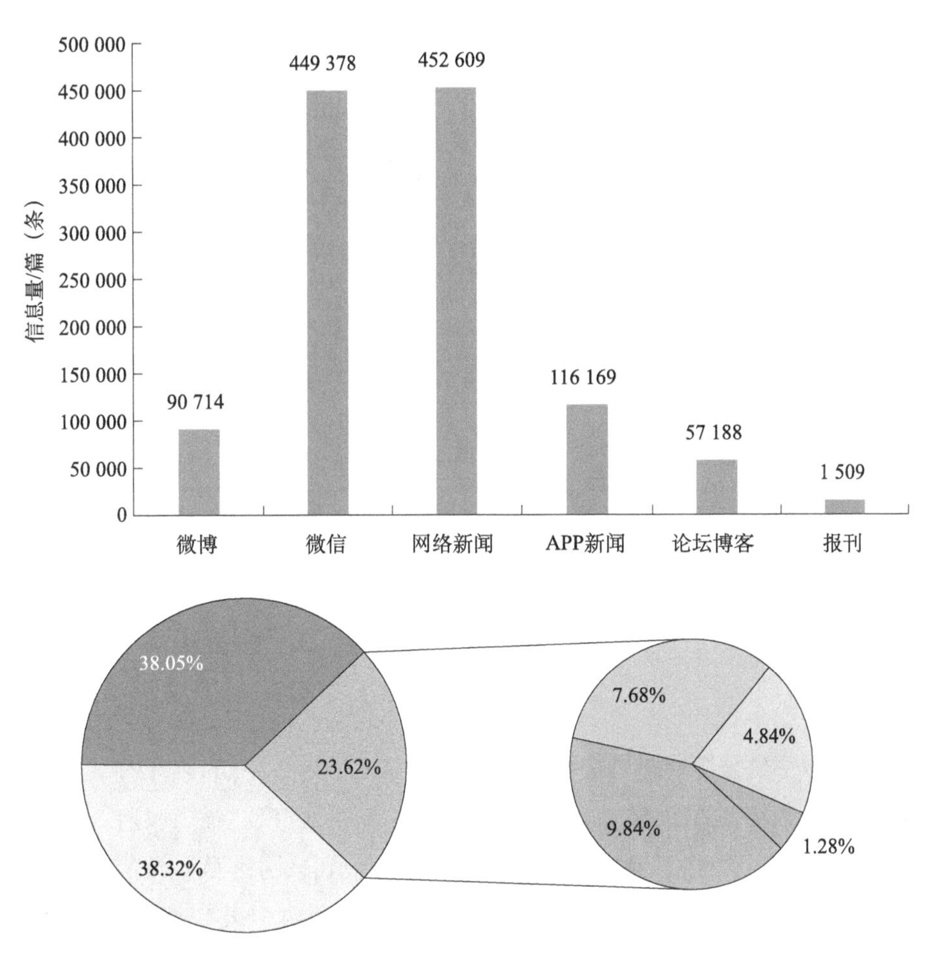

图 1-7　第一季度科普相关舆情信息平台分布

（二）热点事件解读

1. 新冠肺炎科普获舆论关注

本季度，新冠肺炎成为科普热点。相关新闻获得新华社、人民网、科普中国网等媒体报道，相关新闻在本季度的分平台传播量如下：网络新闻 156 775 篇、报刊 4783 篇、论坛 4958 篇、微信 142 603 篇、微博 9783 条、APP 新闻 41 152 篇（图 1-8）。

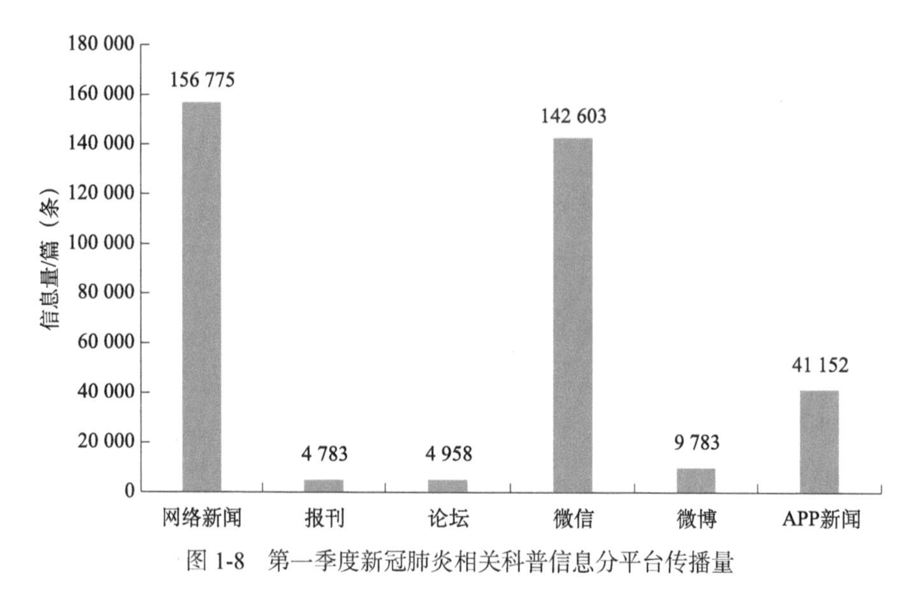

图 1-8　第一季度新冠肺炎相关科普信息分平台传播量

舆论关注焦点如下。

一是中国科协全新科普内容上线。央视新闻报道称，随着新冠肺炎疫情升级，许多中小学校、幼儿园春季学期开学延期，为丰富孩子们的学习资源，中国科协从数字科技馆资源里整理、发布了一批适合线上学习的科普内容。

二是全国各地推出形式多样的科普内容，共同抗疫。各级政府、相关专家以及专业机构加强了卫生知识科普，电视、报刊、网络乃至微信朋友圈都成为卫生科普的阵地。从对新型冠状病毒的研究进展以及疫情的及时发布，到民众防护措施的具体指导建议，民众只需动手点点手机，就能获得相关的知识，更有《关于新冠肺炎的一切》等网络“硬核”科普，受到广大民众的欢迎。

三是抗疫时期谣言不断，“科普中国”辟谣工作有序进行。“科普中国”、人民网、新华网等媒体及时邀请相关专家，对出现的谣言进行权威、动态辟谣，获得了良好的传播效果。例如，“武汉市某医院存在尸体无人处理”“武汉火神山医院需重新选址”“武汉市第四医院武胜路院区急诊停诊”“小磨香油滴在鼻孔可以阻断流感和瘟疫传染”“钟南山院士建议盐水漱口防病毒”“喝酒可以抗病毒”“有可防肺炎的中药配方”“板蓝根＋熏醋能防新冠肺炎”“吸烟能预防病毒感染”“出门要佩戴护目镜”等均被及时辟谣。

2. 蝗灾科普获舆论关注

近期非洲蝗灾逐步蔓延至亚洲，对全球粮食安全造成较大影响。本次蝗灾发源于非洲，2 月已经影响到巴基斯坦、印度等亚洲国家和地区，专家表示，如果这些蝗虫得不到控制，到 4 月粮食成熟以后，蝗虫数量还将扩大 500 倍。与蝗灾有关的科普文章本季度明显增加，相关新闻在分平台的传播量如下：网络新闻 1905 篇、论坛 87 篇、报刊 15 篇、微信 1915 篇、微博 1949 条、APP 新闻 419 篇（图 1-9）。

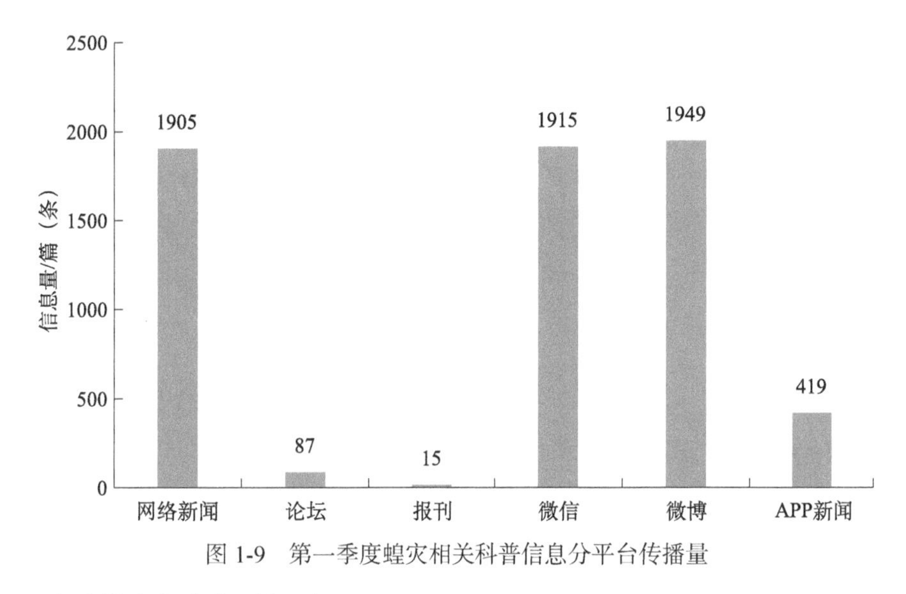

图 1-9　第一季度蝗灾相关科普信息分平台传播量

舆论关注焦点主要如下。

一是舆论担忧蝗灾蔓延至我国，或将造成粮食减产，专家及时回应。在全球防控新冠肺炎之际，一些国家又拉响了蝗灾警报。始于非洲的沙漠蝗灾已给多国带来巨大损失，当前中国的邻国巴基斯坦和印度也已发生蝗灾。“蝗灾是否会进入中国”“对中国将会造成什么影响”成为舆论关注的话题。农业农村部种植业管理司有关负责人表示，考虑到中国边境地区昆仑山脉和喜马拉雅山脉阻隔，蝗虫很难越过高海拔的寒冷地区。中国农业科学院植物保护研究所研究员张泽华表示，就目前发生在中国邻国巴基斯坦和印度的蝗灾来看，蝗虫主要是刚孵化的若虫，暂时越不过青藏高原，即便过一段时间长成成虫后可能飞至西藏，但西藏海拔高，还不会对中国农业产生太大影响。

二是与蝗灾相关的谣言增多。2 月底，话题“浙江 10 万只鸭子出征巴基斯坦灭蝗”冲上微博热搜。有媒体报道，我国“鸭子军团”将出征灭蝗，甚至还配上了视频和照片。浙江省农业农村厅相关工作人员表示，本次涉及捐赠鸭子的企业为浙江国伟科技有限公司（原诸暨市国伟禽业发展有限公司），目前方案正在商讨阶段，还未下定论。浙江省农业科学院专家表示，我们的鸭子起码要等到当年下半年或明年上半年才能过去。现在巴基斯坦治蝗主要还是靠农药，以生物方法治蝗占的比重很小，但在慢慢想办法增加它的比重。此外，“蝗灾可以靠吃来解决”“养鸭子就能解决蝗灾”等谣言在网络上传播。

3. 世界气象日相关活动获舆论关注

3 月 23 日是世界气象日，主题是“气候与水”。这一主题旨在提醒人们关注新形势下气候、水与人类生产生活的关系，以更切实有效地行动，守护我们的蓝色星球。与世界气象日有关的科普文章本月明显增加，本季度相关新闻在分平台的传播量如下：网络新闻 2947 篇、论坛 88 篇、报刊 210 篇、微信 2039 篇、微博 776 条、APP 新闻 1153 篇（图 1-10）。

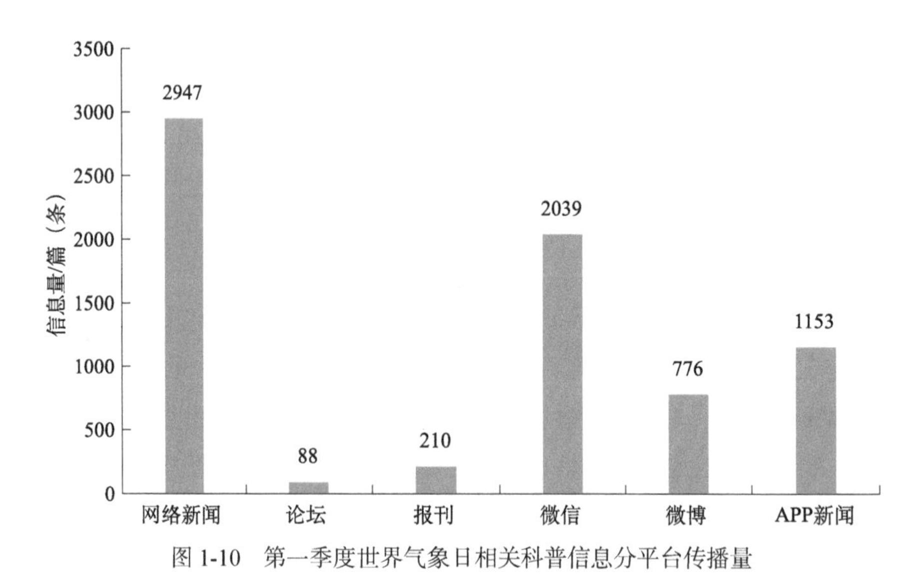

图 1-10 第一季度世界气象日相关科普信息分平台传播量

舆论关注焦点主要如下。

一是 2020 年世界气象日宣传活动以线上为主。根据当前形势，往年如约邀请公众走进气象部门的世界气象开放日活动当年移至线上，在“云端”与大家见面。世界气象日当天，中国气象局局长刘雅鸣出席世界气象日线上宣传科普活动启动仪式。她强调，广大气象工作者要深入贯彻新发展理念，坚持趋利避害并举，做到监测精密、预报精准、服务精细，坚决筑牢气象防灾减灾第一道防线，为国家经济社会发展做出更大贡献。

二是多家机构和单位以世界气象日为契机，加强线上气象科普宣传。《经济日报》报道称，中国气象局、中国气象学会联合组织全国气象行业单位开展纪念活动，并以此为契机加强气象宣传科普。各级气象部门结合主题，按照以线上为主的原则，创新活动组织方式和互动形式，充分运用“互联网＋科普”等思维，推出专家线上授课、网上气象科普馆开放、气象科普直播、有奖答题、线上游戏等一系列特色科普活动，进一步增强人民群众的气象服务获得感，提升世界气象日的公众认知度与品牌影响力。

三是各地开展线上风云“战”，气象科普知识竞答成为当年气象科普活动的重要内容。中国气象新闻网称，天津市气象局运用“互联网＋科普”思维，开启气象科普“云端”模式，与多部门合作组织了一系列线上科普活动，使更多公众足不出户体验气象科技、掌握气象常识。从3月16日开始，新疆维吾尔自治区温泉县气象局联合县城镇小学、初级中学、八十八团学校等，共同开展了以“气候与水”为主题的“风云之战”气象知识有奖竞答活动。3月18日，辽宁省大连市金普新区气象局组织开展了气象科普＋防疫知识“云竞赛”线上答题活动。3月21日，陕西省宝鸡市渭滨区气象局依托气象“科普中国”信息员微信工作群推送气象知识知多少竞赛题，镇村、涉农部门的120余名气象“科普中国”信息员和农村气象爱好者限时答题并提交答题卡，经专业人员集中阅卡排名后，对成绩优异的前10名给予适当奖励。

四是线上参观、线上直播成为疫情防控期间地方科普的主要方式。人民网等报道称，3月21日晚，上海气象博物馆里上演了一场直播真人秀，该直播活动作为上海市气象局世界气象日系列纪念活动之一，突破传统讲解方式，首次尝试在在线平台上向公众展示不同行业工作者眼中的气象博物馆。在福建省福清市，公众关注“福清气象”微信公众号，便可以在“气象科普”栏目中线上参观气象观测站，通过图片、文字介绍等方式了解气象观测站内的地面自动观测仪器设备，并可扫描二维码获取语音知识介绍，全方位获取气象科普知识。

自3月20日起，广东省佛山市三水区气象局设置“VR线上参观气象局”活动，通过360度全景技术全面展现三水区气象局大楼外观、内部大厅、预警信息发布中心全景以及气象观测场全貌。

（三）科学辟谣热点

观察表1-1发现，本季度科学辟谣呈现以下三个特征：一是内容涉及新冠肺炎的谣言占主导，如“淡水鱼能传播新冠肺炎”“新冠肺炎患者肺功能不可恢复”；二是旧谣新传现象依旧存在，如“大蒜、食醋能治脚气”等，该类谣言在此前已被辟谣；三是社会热点事件引发的谣言传播量较为突出，新冠肺炎、蝗灾、地球引力话题热度攀升，如“浙江10万只鸭子出征巴基斯坦灭蝗”“2月10日地球的引力最小，扫把能够立起来”等谣言受到舆论广泛关注，众多网民受此迷惑进而参与转发，导致谣言进一步传播。

表1-1 第一季度科学辟谣热点

序号	谣言名称	辟谣媒体
1	燃放烟花能遏制呼吸道疾病	科普中国网
2	大蒜、食醋能治脚气	人民网
3	“血管堵塞”是血管里的垃圾导致的	人民网、科普中国网
4	宠物也会感染新型肺炎	《科技日报》、科普中国网
5	新冠病毒飘浮在空气中形成病毒云	新京报网
6	抗病毒药物瑞德西韦在武汉“显效”	科普中国网、红星新闻
7	2月10日地球的引力最小，扫把能够立起来	科普中国网、澎湃新闻网
8	武汉病毒研究所毕业生黄燕玲是新冠肺炎“零号病人”	中国科学院武汉病毒研究所、中国经济网
9	武汉世界军运会是新冠病毒传染源头	中国经济网
10	疫情期间鄂州老人捡树叶吃	“科普中国”微信公众号
11	新冠肺炎是自限性疾病不需要治疗	央视网
12	浙江10万只鸭子出征巴基斯坦灭蝗	“科普中国”微信公众号
13	新冠病毒会在夏季消失	参考消息网
14	蝗虫进入新疆	“科普中国”微信公众号
15	健康码会泄露个人信息	人民网、法制网
16	喝盐水可以杀灭新型冠状病毒	“科普中国”微信公众号
17	新冠肺炎患者肺功能不可恢复	澎湃新闻网
18	淡水鱼能传播新冠肺炎	科普中国网
19	名字里带“氯”的消毒剂就是含氯消毒剂	科普中国网

续表

序号	谣言名称	辟谣媒体
20	疫情期间可以通过大强度锻炼提高抵抗力	科普中国网
21	吃辣会变笨	人民网
22	多看绿色能养眼	科普中国网
23	胃会越撑越大，越饿越小	科普中国网
24	主食吃得越少越好	科普中国网

第四节　互联网科普舆情数据年报分析

将2020年与2019年的互联网科普舆情数据年报进行对比，从中可以发现以下几方面的变化。

一、分平台传播数据对比情况：2020年科普舆情信息总量远超过2019年

2020年科普舆情信息总量为6 236 895篇，2019年科普舆情信息总量为4 300 412篇，2020年的科普舆情信息总量比2019年的科普舆情信息量多1 936 483篇。除了在总量上2020年远远超过2019年，在除去报刊的每个分平台上的科普舆情信息量，2020年的数据也都超过2019年（图1-11）。

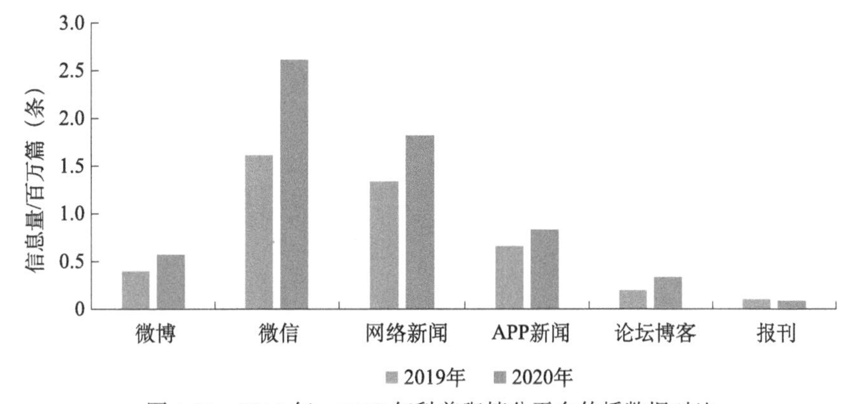

图1-11　2019年、2020年科普舆情分平台传播数据对比

二、前沿科技、应急避险、健康舆情三大科普主题连续两年位列前三

根据 2019 年和 2020 年年报中的科普舆情领域分布数据可以看出，连续这两年科普舆情领域分布前三位的科普主题都是前沿科技、应急避险、健康舆情。由此可以看出，互联网科普舆情的关注重点是相对比较稳定的。

三、排名前两位的地方科普传播热区分别是北京市和广东省

通过对 2019 年和 2020 年年报中科普舆情信息地域发布热区的统计和分析可以看出，北京市始终牢牢地位于第一位，广东省始终位于第二位。2019 年的年报中浙江省位列第三名，2020 年的年报中山东省位列第三名。这说明，科普信息量的丰富程度与地区经济发展水平息息相关。

四、互联网科普舆情数据年报案例分析

全年共 1 期互联网科普舆情数据年报，以下是年报案例分析。

（一）分平台传播数据

综观 2020 年科普舆情，微信、网络新闻和 APP 新闻是科普信息的主要传播渠道。从主题来看，前沿科技、应急避险和健康舆情的热度较高；从地域来看，北京市、广东省和山东省在科普传播方面表现突出。新冠肺炎疫情防控、全国科普日活动、中国科幻大会、世界公众科学素质促进大会等为舆论关注的热点事件。舆论观点主要集中于新冠肺炎疫情防控和科普、提升公众科学素质、鼓励科研人员做科普、重视青少年和校园科普等话题。

监测期间，人民网舆情数据中心监测显示，涉及科普的微信 2 609 071 篇、网络新闻 1 817 999 篇、APP 新闻 828 859 篇、微博 567 028 条、论坛博客 330 938 篇、报刊 83 000 篇（图 1-12）。

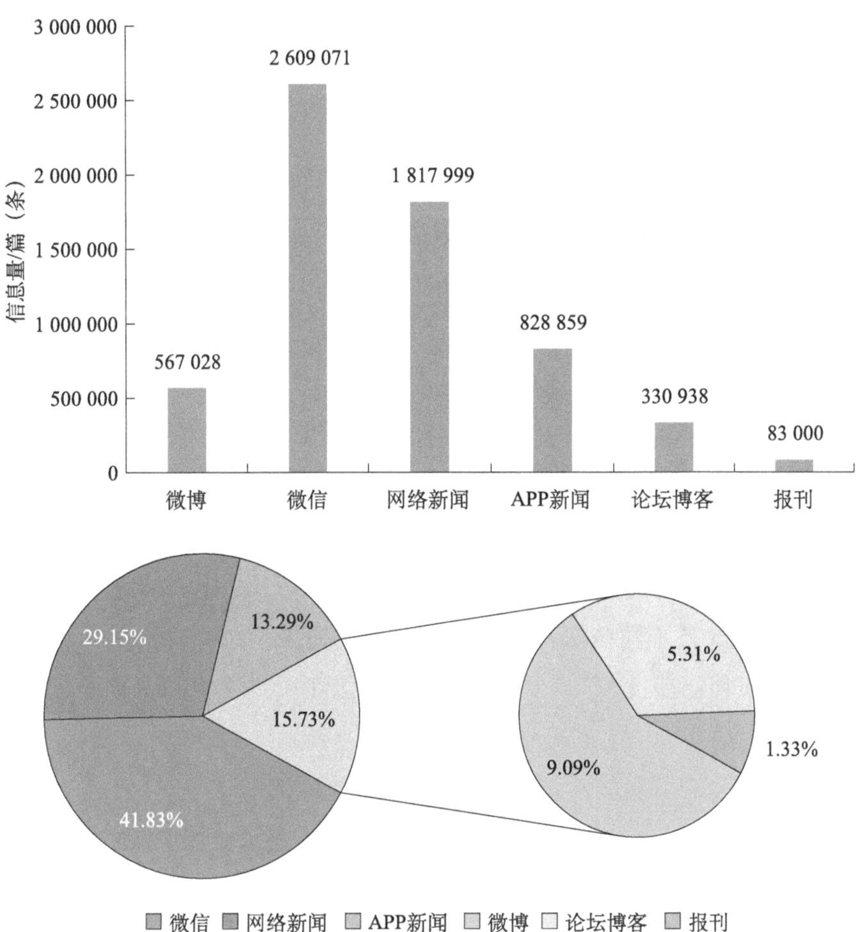

图 1-12　2020 年科普相关舆情平台信息分布

（二）科普主题热度指数排行

2020 年科普舆情热度较高的三个领域分别为前沿科技（32%）、应急避险（22%）和健康舆情（19%）。在前沿科技领域，2020 年度新型冠状病毒变异、新冠疫苗最新研究和使用进展获得舆论广泛关注，北斗三号全球卫星导航系统“收官之星”在西昌成功发射、嫦娥五号载土而归、《全球工程前沿 2020》报告出炉等前沿科技领域动态获舆论聚焦。在应急避险领域，洪涝、泥石流、滑坡、台风、寒潮等自然和气象灾害科普获得舆论关注，施工安全、用火安全也引发公众聚焦。健康类科普舆情热度最高，2020 年度新冠肺炎疫情防控、新型猪流感等话题的科普、辟谣均引发舆论持续关注，相关科普文章获得大量转载，一定程度上提升了健康科普的舆情热度。

（三）全年科普热点事件

1. 科学家座谈会召开，引发科技界热议

2020 年 9 月 11 日，科学家座谈会在京召开，习近平总书记主持会议并发表重要讲话，引起科学界的热烈反响。

2. 嫦娥五号探测器圆满完成探月任务

2020 年 11 月 24 日 4 时 30 分，探月工程嫦娥五号探测器在文昌航天发射场成功发射，历经 23 天，成功携带月球样品返回地球，完成我国首次地外天体采样返回之旅。

3. 中国新冠病毒疫苗上市

我国基于 5 条不同技术路线开展新冠疫苗研发，总体进展顺利，首款国产新冠灭活疫苗已获批上市。下一步，新冠疫苗将作为公共产品向全民免费提供，并采用“分步走”策略先对高风险人群接种。

4. 奋斗者号全海深载人潜水器成功完成万米海试

2020 年 11 月 10 日，我国奋斗者号全海深载人潜水器首次探底全球海洋最深处——马里亚纳海沟“挑战者深渊”，下潜深度达到 10 909 米，创造我国载人深潜新纪录。

5. 北斗三号全球卫星导航系统正式开通

2020 年 7 月 31 日，北斗三号全球卫星导航系统正式开通，北斗迈进全球服务新时代。

6. 我国量子计算机研究取得重大突破

2020 年 12 月 4 日，中国科学技术大学宣布该校潘建伟等人成功构建 76 个光子的量子计算原型机“九章”，求解数学算法高斯玻色取样只需 200 秒，而目前世界上最快的超级计算机要用 6 亿年。

7. 钟南山等 4 人被授予“共和国勋章”、“人民英雄”国家荣誉称号

2020 年 8 月 11 日，为了隆重表彰在抗击新冠肺炎疫情斗争中做出杰出贡献的功勋模范人物，根据全国人大常委会有关决定，授予钟南山“共和国勋

章”，授予张伯礼、张定宇、陈薇（女）“人民英雄”国家荣誉称号。

8. 海水稻首次在青藏高原柴达木盆地试种植

2020 年 6 月 8 日，在海拔 2800 米的青海省海西蒙古族藏族自治州格尔木市河西农场，袁隆平海水稻科研团队的工作人员将温室大棚里培育出的海水稻移栽到柴达木盆地的盐碱地中，这是海水稻首次在高海拔的青藏高原试种植。

9. 国内最大规模 5G 智能电网建成

2020 年 7 月，青岛 5G 智能电网项目建设完工，这是目前国内规模最大的 5G 智能电网，实现了 5G 智能分布式配电、变电站作业监护及电网态势感知、5G 基站削峰填谷供电等新应用。

10. 华龙一号全球首堆并网发电成功

2020 年 11 月 27 日，华龙一号全球首堆——中核集团福清核电 5 号机组首次并网发电成功。华龙一号全球首堆并网成功，标志着我国打破了国外核电技术垄断，正式进入核电技术先进国家行列，这对我国实现由核电大国向核电强国的跨越具有重要意义。

2020 年热点科普事件总体上呈现三个特点：一是高新科技发展获得舆论广泛关注，例如“国内最大规模 5G 智能电网建成”“华龙一号全球首堆并网发电成功”等，均获得《人民日报》等中央级媒体关注；二是对科学发展有着突出贡献的人物获得重视，“钟南山等 4 人被授予‘共和国勋章’、‘人民英雄’国家荣誉称号”都体现了我国对科学发展人才的重视程度；三是新冠肺炎疫情成为本年度公众关注的焦点，例如“中国新冠病毒疫苗上市”等，均获得舆论关注。

第二章

“科普中国”内容生产及传播数据报告

“科普中国”在不断深入推进的科普信息化工程中成长为更具影响力和公信力的权威科普品牌。数字技术的合理运用、以用户为中心的互联网思维助力科普高水平发展，不断促进社会文明程度提升。本报告以“科普中国”品牌为例，以数据为中心，立足科普供给侧和科普需求侧，从内容、媒介、用户等维度描绘“科普中国”品牌生态，为其可持续发展提供决策参考的依据。

本报告反映2020年全年“科普中国”内容资源容量和媒介形态构成、用户阅览和传播状况，呈现各类科普主题资源总量、发布渠道、阅览总量、科普信息员画像及主题热度等数据。

第一节 “科普中国”数据报告内容说明

“科普中国”品牌伴随着科普信息化工程诞生和发展，紧密结合社会和公众需求，面对新冠肺炎疫情防控的新形势，从内容、媒介、用户等维度不断创新发展，充分体现信息化发展的鲜明特征，发挥科普的社会功能。

一、2020 年科普信息化工程概况

2020 年科普信息化工程具体子项目及承担单位信息如表 2-1 所示。相比 2019 年，子项目数量增加了 8 个，包括两个应急科普资源建设和传播、1 个“科普中国”心理应急志愿服务队建设等具有年度特色的子项目。

子项目承担单位构成更加多元化。新华网、人民网、光明网、央视等主流媒体承担相关项目，充分发挥传播渠道优势。中国心理学会、中国汽车工程学会、中国国土经济学会、中国农学会等全国学会，以及应急管理部宣传教育中心、中国健康教育中心等机构承担了具有专业资源特色的专项，具有显著的权威内容创作优势。中国科学院计算机网络信息中心、腾讯云计算（北京）有限责任公司、中科数创（北京）数字传媒有限公司、北京科技报社等机构积累多年子项目运作经验，结合新需求，探索创新发展。

表 2-1 2020 年科普信息化工程子项目及其承担单位

序号	科普信息化工程子项目	子项目承担单位
1	科学原理一点通	新华网股份有限公司
2	科技前沿大师谈	
3	中国公众科学素质网站开发及双月刊	
4	乐享健康	人民网股份有限公司
5	军事科技前沿	光明网传媒有限公司
6	科普融合创作与传播	中国科学院计算机网络信息中心
7	智慧农民	隆平高科信息技术（北京）有限公司
8	我是科学家	北京果壳互动科技传媒有限公司

续表

序号	科普信息化工程子项目	子项目承担单位
9	应急安全科普资源建设和传播项目	应急管理部宣传教育中心
10	应急卫生健康科普资源建设和传播项目	中国健康教育中心
11	数说科学	度链网络科技（海南）有限公司
12	“科普中国”舆情监控及分析评估	北京人民在线网络有限公司
13	“科普中国”品牌宣传推广	北京际恒锐智企业管理顾问有限公司
14	监理项目	北京赛迪工业和信息化工程监理中心有限公司
15	科幻空间	腾讯云计算（北京）有限责任公司
16	全民爱科学	
17	科学答人	北京科技报社
18	V视快递	中科数创（北京）数字传媒有限公司
19	“科普中国”新媒体运营	
20	“科普中国”中央厨房建设及运营	
21	科学辟谣	
22	“科普中国”移动客户端维护与运营	
23	“科普中国”形象大使宣传活动	中国科学技术出版社有限公司
24	“科普中国”升级示范	
25	2020年“科普中国”系列专题片	央视（北京）娱乐传媒有限公司
26	“科普中国”心理应急志愿服务队建设	中国心理学会
27	“汽车探秘”科普视频制作	中国汽车工程学会
28	全国绿色国土行信息化专项宣传	中国国土经济学会
29	《我听农业科学家讲故事》视频制作	中国农学会

二、本报告科普内容主题分类及其他说明

（一）内容主题分类变化

1. 科普中国网主题频道更新变化

2020年科普中国网内容主题一级分类共11个，包括前沿、健康、百科、军事、科幻、安全、人物、辟谣、智农、青海、陕西主题版块（其中，“青海”和“陕西”合并为“地区”版块）。二级分类63个，各主题版块数量有增有减，比如军事版块二级分类明显减少，安全版块增加了应急科普二级分类，辟谣版块将食品和安全两个二级分类合并为食品安全，整体上基本保持稳定

（表 2-2）。

表 2-2　2020 年科普中国网两级主题分类

一级	二级							
前沿	人工智能	科技潮物	数码世界	信息通信	能源材料	生物生命	重大工程	
健康	科学用药	疾病防治	心理探秘	食品安全	老龄健康	营养科学	医学救援	
百科	宇宙探索	自然地理	科学原理	释疑解惑	人文科学			
军事	军事科技							
科幻	名家动态	影视作品	科普文创					
安全	自然灾害	事故灾难	应急科普					
人物	走近大师	精彩人生						
辟谣	食品安全	营养健康	疾病防治	美容健身	生活解惑	天文地理	生物	
	数理化	交通运输	航空航天	前沿科技	能源环境	农业技术	建筑水利	
智农	农业讲堂	科普课程	政策法规	农业技术	乡村文明	创业创新		
青海	科协工作	生态环境	智慧生活	科技引领	农牧技术	科普旅游	科学家风采	藏语科普
陕西	地方工作	生态环境	解疑释惑	农牧技术	健康生活	科学家风采	科学原理	

2.“科普中国”APP 主题分类调整优化

“科普中国”APP 集资讯、活动、微社群为一体，相比科普中国网，强化了社区互动和个人网络科普行为记录。2020 年的一级分类为：首页、视频、发布、科普日、我的，位于手机页面底端的功能区。首页顶端可显示 6 个二级分类，前 3 个是关注、头条、推荐，后 3 个可在手机屏幕上实现个性化排列显示，展示用户自己选择的“我的频道”。二级分类包括关注、头条、推荐、辟谣、健康、教育、科普号、视频、军事、科学史、前沿、人物、科幻、专题、博物、地理、原理、心理、科学、应急科普、社区、图说、艺术人文、全民科普、百科、美丽乡村、青海、生活、读书、听科普、问答、评论、陕西 33 个频道，比 2019 年增加了推荐、应急科普、评论和陕西 4 个二级分类频道。

（二）本报告数据期限与来源说明

本报告所使用的科普内容资源生产与发布数据、用户阅览及传播数据的时间期限为 2020 年 1 月 1 日至 12 月 31 日。除特殊说明，数据均来自“科普中国”服务云。

第二节 “科普中国”内容制作和发布数据报告

“科普中国”内容资源的生产汇聚数据按照科普内容的媒介表达方式进行分类统计，比如科普图文、科普短视频或动漫、科普题库题目。发布渠道包括微信、微博等社交媒体渠道以及科普中国网和“科普中国”APP 等。科普内容创作的精品意识更加广泛地达成共识，内容资源的质与量达到较好的平衡。

一、“科普中国”服务云全年汇集的科普内容总量

“科普中国”服务云是“科普中国”内容资源的汇聚平台，过去几年均以汇聚原创资源为主，自 2020 年下半年逐渐引入合作内容资源。表 2-3 为 2020 年“科普中国”原创科普内容的月度数据，与以往数据保持相同的统计口径。11 月的资源容量出现突增，当月的科普视频或动漫的生产数量显著增加。比较图 2-1 和图 2-2，新增内容资源容量的月度变化曲线与新增科普视频或动漫数量变化曲线更为接近。

表 2-3 2020 年“科普中国”原创科普内容的月度数据

月份	资源容量 /TB	科普图文 / 篇	科普视频或动漫 / 个	题库题目 / 个
1	0.40	1149	31	102
2				
3	0.10	426	18	106
4	0.50	634	54	43
5	0.40	961	137	671
6	0.40	896	197	1332
7	0.44	634	182	2194
8	0.61	706	390	1392
9	0.56	436	103	1296
10	0.39	536	248	1003
11	4.20	506	510	1648
12	0.21	166	50	39
总计	8.21	7050	1920	9826

注：1 月与 2 月的数据合并统计。

纵观2020年全年，“科普中国”服务云新增资源容量约8.2TB，新增内容总数为18 796个，其中包括科普图文7050篇、科普视频或动漫1920个、题库题目9826个。相比上年度，新增资源容量增加了0.3TB，内容总数减少了9904个，其中科普图文减少了8951篇，科普视频或动漫减少了603个，题库题目减少了350个。

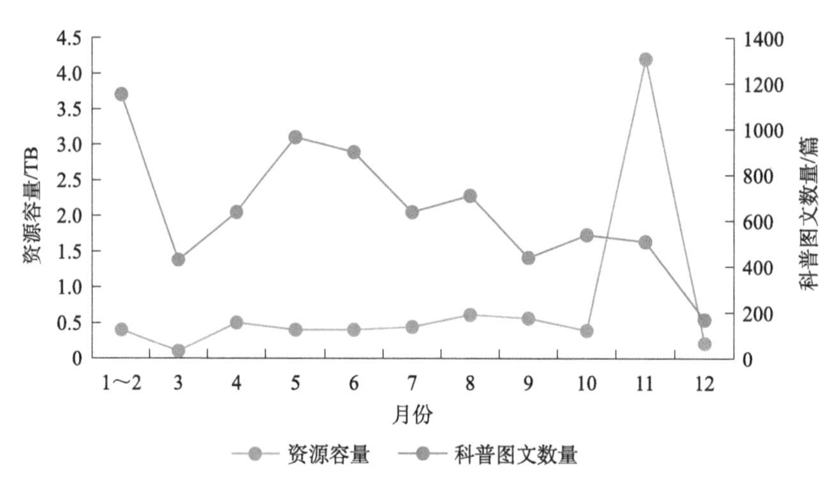

图2-1　2020年新增“科普中国”内容资源容量和科普图文数量月度变化曲线

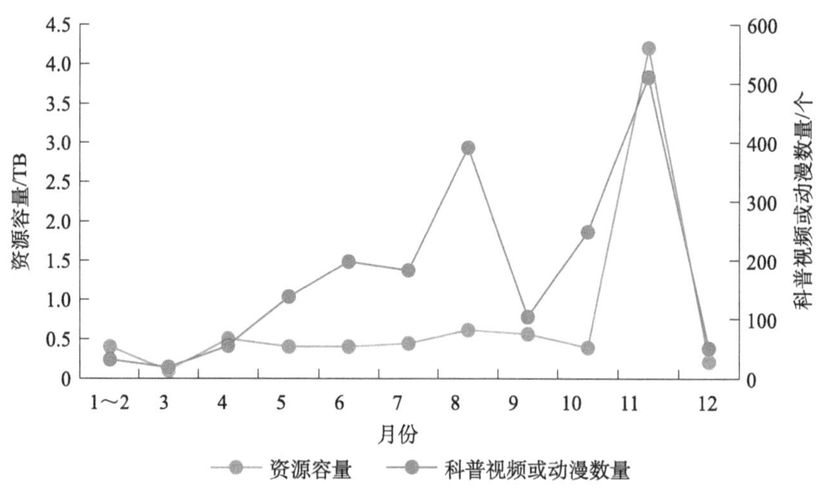

图2-2　2020年新增“科普中国”内容资源容量和科普视频或动漫数量月度变化曲线

季度科普资源汇聚数据（表2-4、表2-5）反映出“科普中国”内容资源建设中的如下变化特点：第一，2020年内容容量的平均季度增长量低于2018年的平均季度增长量，但略高于2019年的平均季度增长量；第二，2020年科普图文、短视频或动漫、题库题目等资源的平均季度增长数量继2019年后持续下降。

表 2-4 “科普中国”内容资源汇聚累计数据

截止时间	内容资源容量 /TB	科普图文 / 篇	科普视频或动漫 / 个	题库题目 / 个
2017年12月	15.35	177 868	11 839	30 002
2018年3月	19.44	183 154	14 615	34 316
2018年6月	20.56	188 314	15 449	35 413
2018年9月	26.41	192 734	16 898	41 498
2018年12月	27.91	196 919	17 987	49 000
2019年3月	28.51	199 284	18 260	50 339
2019年6月	29.91	202 422	18 759	53 363
2019年9月	32.41	209 138	19 723	57 066
2019年12月	35.81	212 920	20 594	59 176
2020年3月	36.31	214 495	20 643	59 384
2020年6月	37.61	216 986	21 031	61 430
2020年9月	39.22	218 762	21 706	66 312
2020年12月	44.02	219 970	22 514	69 002

表 2-5 “科普中国”内容资源汇聚平均季度增长数据

年度	内容资源容量 /TB	科普图文 / 篇	科普视频或动漫 / 个	题库题目 / 个
2018年平均季度增长	3.14	4763	1537	4750
2019年平均季度增长	1.98	4000	652	2544
2020年平均季度增长	2.05	1762	480	2456

图2-3显示的是截止时间段的“科普中国”内容资源累计容量。其中的实线是截至某个月份的实际累计资源容量，虚线是按照线性关系添加的趋势线。从近三年的季度数据来看，2018年度实际累计的资源量要高于趋势线；2019年和2020年累计资源的发展曲线形状相类似，显现出两端略高、中间稍低的特点。

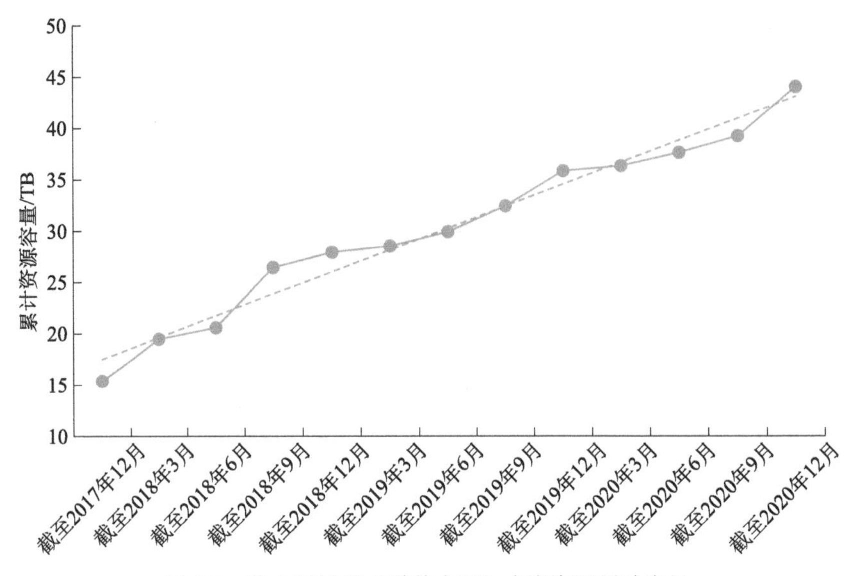

图 2-3　截止时间段“科普中国”内容资源累计容量

图 2-4 显示的是连续三年科普图文、视频或动漫以及题库题目的平均季度增长量。通过三年数据比较可以发现，科普图文作品平均季度增长量呈现三年连续明显降低的趋势，科普视频或动漫作品、题库题目平均季度增长量在 2019 年出现明显降低后，2020 年降低幅度趋于缓和。

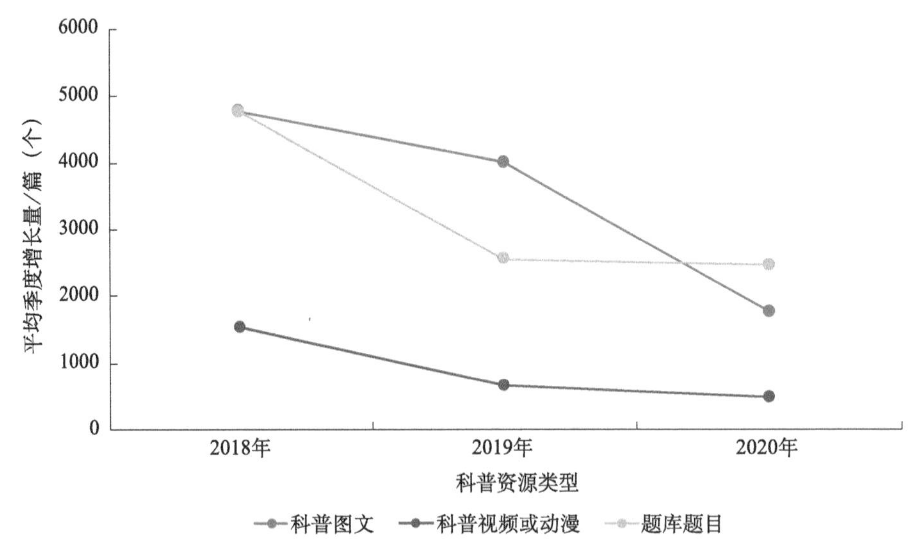

图 2-4　2018～2020 年科普图文、科普视频或动漫、题库题目的平均季度增长量

2020 年度“科学辟谣”平台的影响力持续增强，相关科普工作步入常态化发展，从 2020 年 4 月起，谣言库和辟谣资源的增长有了统计数据。截至 2020 年 12 月，谣言库已累计入库 7576 条信息，辟谣资源累计达 3195 条（表 2-6）。

表 2-6 “科学辟谣”平台谣言库和辟谣资源累计数量

截止时间	谣言库 / 条	辟谣资源 / 条
2020 年 4 月	5643	2599
2020 年 5 月	6285	2714
2020 年 6 月	7263	2824
2020 年 7 月	7387	2933
2020 年 8 月	7369	2967
2020 年 9 月	7454	3031
2020 年 10 月	7483	3064
2020 年 11 月	7541	3133
2020 年 12 月	7576	3195

二、科普中国网和“科普中国”APP 发布科普内容数量

科普中国网和“科普中国”APP 是品牌科普内容发布的两个重要渠道，表 2-7 是通过两种路径发布的科普信息数量统计。总体来看，科普中国网和“科普中国”APP 全年的发文数相差不大，均为 16 000 多条。根据图 2-5，“科普中国”APP 月度发文数相对均匀，上半年制作专题数明显多于科普中国网。相比 2019 年，科普中国网发文数减少了 8651 条，制作专题数增加了 9 个；“科普中国”APP 发文数增加了 4079 条，制作专题数与上年度持平。

表 2-7 科普中国网及“科普中国”APP 2020 年各月发文和制作专题数量

月份	科普中国网发文数 / 条	科普中国网制作专题数 / 个	“科普中国”APP 发文数 / 条	“科普中国”APP 制作专题数 / 个
1	862	3	1 611	8
2	872	1	1 782	14
3	828	2	1 218	10

续表

月份	科普中国网发文数 / 条	科普中国网制作专题数 / 个	"科普中国" APP 发文数 / 条	"科普中国" APP 制作专题数 / 个
4	426	1	1 860	3
5	1 149	1	1 556	6
6	1 051	2	1 403	2
7	1 483	2	1 818	3
8	1 610	2	1 630	3
9	2 084	3	1 600	3
10	1 632	1	692	2
11	3 547	5	1 141	6
12	552	6	360	2
总计	16 096	29	16 671	62

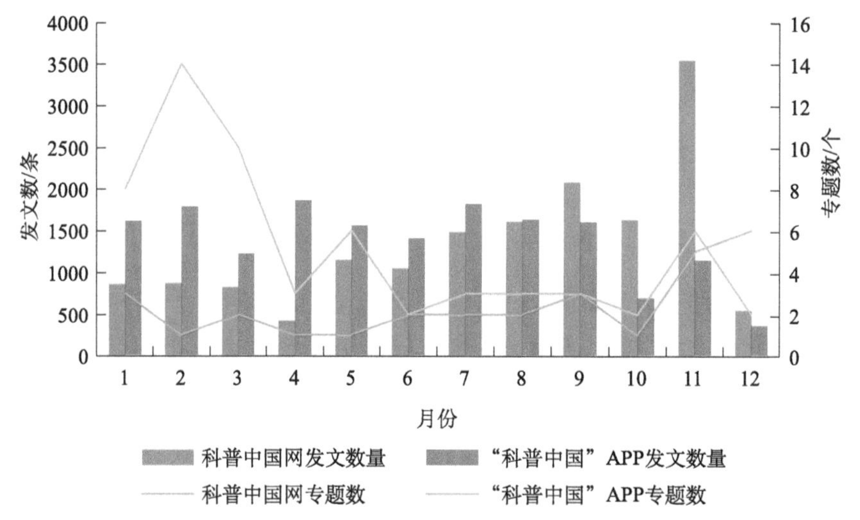

图 2-5 科普中国网及"科普中国" APP 2020 年各月发文和制作专题数量

第三节 "科普中国"内容传播数据报告

"科普中国"内容传播终端包括 PC 端和移动端。移动端浏览量和传播量一直稳定占有七成以上份额，2020 年的传播量突破了八成。不断拓展的社会化传播渠道和平台也为扩大传播覆盖面提供了有利条件。

一、“科普中国”各栏目（频道）全年传播总量

2020 年，“科普中国”内容浏览量和传播量总计 74.76 亿人次。其中，移动端浏览量和传播量总和为 61.11 亿人次（占比 81.74%，相比 2019 年提高了 6.21 个百分点），PC 端浏览量和传播量总和为 13.65 亿人次（表 2-8、图 2-6）。

全年新增传播渠道 82 个，覆盖电视、手机、PC 以及公共场所终端，包括宁夏教育电视台、湖北长江云 TV、吉视传媒、泰州数字科技馆官网、澳门妇女联合总会微信公众号、山东教育电视台微博、南京地铁、成都地铁等。截至 2020 年 12 月底，累计传播渠道已达 402 个。

表 2-8 “科普中国”内容浏览量和传播量月度新增数据

月份	PC 端浏览量和传播量 / 亿人次	移动端浏览量和传播量 / 亿人次	新增传播渠道 / 个
1	1.06	14.64	31
2			
3	1.26	2.39	11
4	1.05	2.49	8
5	1.67	5.82	3
6	1.38	4.76	4
7	1.19	4.21	/
8	1.20	6.38	/
9	1.49	4.55	/
10	1.15	6.14	/
11	1.78	7.89	24
12	0.42	1.84	1
总计	13.65	61.11	82

注：标注“/”为未统计数量。

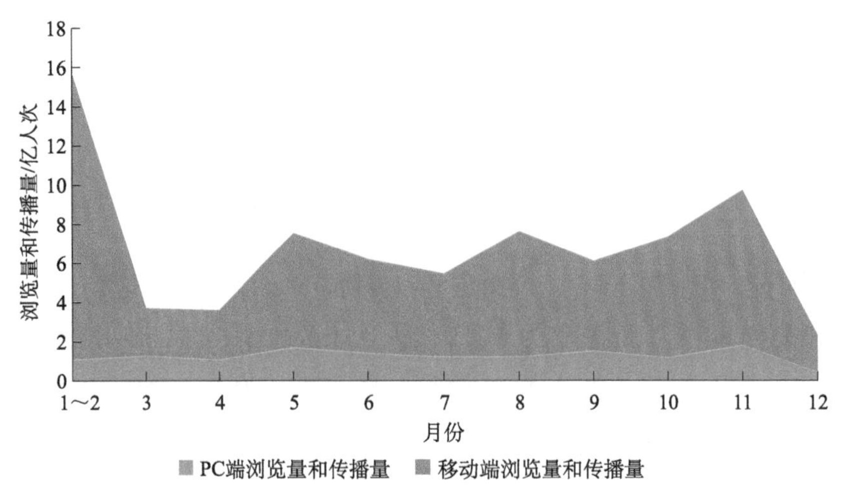

图 2-6 “科普中国”内容浏览量和传播量月度新增数据

二、典型传播路径（渠道）的传播贡献量

微信、微博、APP是“科普中国”典型移动端传播路径。“科普中国”APP全年浏览量超3.25亿次（不含社团），比2019年增加了1.57亿次。“科普中国”微信公众号全年浏览量超2.25亿次，比2019年增加了0.75亿次；微博全年浏览量超15.27亿次（不含话题），比2019年增加了9.87亿次。

如表2-9所示，上述3个典型传播渠道全年各月的传播量在数值上有一定幅度的波动。“科普中国”APP的浏览量峰值出现在11月，微信公众号和微博的浏览量峰值均出现在1月。

表 2-9 2020 年“科普中国”APP、微信和微博月度浏览量

月份	1	2	3	4	5	6
APP 浏览量 / 万人次	1 877		1 336	1 845	2 161	2 011
微信公众号浏览量 / 万人次	3 493	2 562	1 627	2 065	1 561	1 413
微博浏览量 / 万人次	46 914	33 440	5 050	9 843	7 843	5 601
月份	7	8	9	10	11	12
APP 浏览量 / 万人次	2 412	2 538	4 118	4 300	7 100	2 800
微信公众号浏览量 / 万人次	1 497	1 540	1 934	1 396	1 754	1 677
微博浏览量 / 万人次	9 991	7 065	7 829	5 701	7 769	5 702

注：APP 浏览量不包含社团，微博浏览量不包含话题。

三、“科普中国”活跃用户数据

网络科普内容的传播量和浏览量与用户活跃程度相关。“科普中国”APP注册用户有其独特性，一部分注册用户经过申请，被认证为“科普中国”信息员。这些“科普中国”信息员一方面是使用者和践行者，自己浏览科普信息，增长科学知识和提升科学素养；另一方面是倡导者和传播者，通过在微信、微博等社交媒体积极分享传播科学内容，让科学权威的科普内容抵达社区亲朋好友，共享科学文化生活。本书第三章将对“科普中国”信息员的发展现状进行多维度分析，描绘科普信息员画像。

活跃用户数量一定程度上体现了“科普中国”APP内容的有效传播抵达率。月度活跃用户是“科普中国”APP每月访问用户除去重复人员后的数量。2020年，“科普中国”APP平均月度活跃用户为68.4万人，比2019年（35.2万人）多了33万余人。月度活跃用户数较高的月份是11月和12月，均超过100万（表2-10）。

表2-10 2020年“科普中国”APP月度活跃用户数据

月份	月度活跃用户/万	月份	月度活跃用户/万
1	43.8	7	83.8
2	40.9	8	66.9
3	42.9	9	79.1
4	44.6	10	97.7
5	45.4	11	103.1
6	66.7	12	106.1

第四节 重点主题内容科普解读的公众关注

当前，科技界向着“四个面向”进军，无论是科技创新还是科学普及，都应紧密贴合面向世界科技前沿、面向经济主战场、面向国家重大需求、面向人民生命健康的总体要求，迈向社会主义现代化建设的新征程。“科普中国”内容兼顾国家科技战略和社会生活热点话题，紧密围绕公众关注焦点，科普解读作品的浏览量相应较大。同时，“科普中国”发布“科学”流言榜，综合考虑传播热度、危害程度、学科领域等因素，从另一侧面反映了大众对科学主题的关注度。

一、重点主题的科普解读

重点主题的科普解读一般围绕社会热点、应急响应、纪念性节日和节气、前沿科技、国家战略等方面开展。“科普中国”结合公众关注焦点，以直播、视频、图文、海报等方式推出科普内容。2020年的重点主题解读涵盖长征五号B运载火箭、北斗卫星导航系统卫星顺利发射、中国首次自主火星探测任务开启、新冠肺炎疫情解读与防护、东方红一号卫星发射50周年、东风一号发射60周年、应急避险、心理卫生、2020年诺贝尔奖等。“科普中国”品牌下的“科普融合创作与传播”等子项目在主题策划、创作与传播等流程形成较为成熟的运作机制，科学及时发声，形成了有影响力的、满足公众需求的科学传播。

（一）新冠肺炎疫情防控的主题科普系列解读

2020年初，新冠肺炎疫情引发全社会广泛关注。“科普中国”第一时间与领域科学家联系，科普解读新冠病毒，回应大众舆论关切。1月21日发布的图文作品《新型冠状病毒，你想知道的全在这》被《人民日报》、网易、百度、腾讯等多家媒体转载，首周浏览量超过170万人次；1月28日发布的图文作品《喷嚏和咳嗽到底能飞多远？》，首周浏览量超过224万人次；1月31日发布的《多位感染者被治愈！能提取他们血液中的抗体用于治疗吗？》，阅读量超过1350万，在微博、《人民日报》、今日头条、知乎、百度、腾讯新闻等多个APP首页首屏推送。

（二）北斗卫星导航系统的主题科普解读

2020年6月23日，北斗三号最后一颗卫星成功发射，北斗三号全球组网宣告正式完成。为了让公众更好地了解北斗卫星导航系统及其功能，“科普中国”项目团队于6月15日开展主题直播活动“关注主播不迷路 北斗带你上高速”，“北斗女神”、中国科学院空天信息创新研究院徐颖研究员，中国科学院大学科学技术协会吴宝俊，知名航天科普人毛新愿等多位嘉宾在线互动，针对观众问题进行解疑，呈现北斗科学应用、系统建设、军事等多个方面功能运用。直播活动与人民日报新媒体、新华社客户端、微博、哔哩哔哩（bilibili，以下简称B站）、百家号、知乎、微信、今日头条、快手、抖音等多个平台合作，直播观看量超过600万。收官卫星发射成功当天，“科普中国”出品视频《假如鲁滨逊有中国北斗》（总体部宇宙速度科普协会创作），结合大众耳熟能详的故事，通过活泼生动的语言，解答北斗的作用，潜移默化地科普了北斗建设的重要性和必要性，首周观看量达到666万。

（三）中国首次自主火星探测的主题科普解读

2020年7月23日，我国用长征五号遥四运载火箭成功发射首次火星探测任务天问一号探测器，开启火星探测之旅。围绕公众关注的火星探测热点，“科普中国”出品三维视频《别眨眼！ 5分钟3D带你看“天问一号”从发射到着陆全过程》。经历两个月的建模和近1个月的视频制作，向公众呈现了一部精美绝伦、画面高清、节奏流畅的影视级科普视频。来自行星科学、轨道工程等多个领域的科研人员全程参与，保证了探测任务从发射到着陆火星开展探测全程中每个步骤的准确，同时兼顾艺术与科学的巧妙平衡。视频首周观看量超过2100万，并登上当天中央电视台综合频道《晚间新闻》和中央电视台新闻频道《共同关注》节目。

（四）长征五号B运载火箭搭载新一代载人飞船试验船的主题科普解读

2020年5月，长征五号B运载火箭搭载新一代载人飞船试验船首飞成功。“科普中国”提前与科研机构和科学家策划选题，联动视觉设计和实现的创作团队，与媒体共同策划传播时机，创作和传播多种角度的科普作品，并探索直播的传播形式，在首飞成功第一时间联动媒体率先发声，推出图文、视频、高清图片等多种融媒体作品。其中，科普视频作品《长征五号B胜！三维带你看飞船去往太空全过程！》与新闻同步在《人民日报》、央视新闻、新华社、环球网、今日头条、腾讯、抖音、新浪、网易等各大媒体上广泛传播，登上了中央电视台新闻频道、吉林卫视、人民日报新闻客户端首屏，首周浏览量累计超过 1373 万人次。5 月 31 日，“科普中国”对从太空回来的新飞船上搭载的一个实验箱进行现场开箱直播活动，名为“你有一份从太空寄来的快递待开箱”。直播在微博、B 站、快手、知乎、百家号及人民日报客户端、新华社客户端同步直播，直播反响热烈，直播累计观看量超过 1243 万。

（五）东方红一号发射 50 周年纪念主题的科普解读

2020 年 4 月 24 日是第五个中国航天日，也是我国第一颗人造卫星东方红一号成功发射 50 周年纪念日。在这一重大的时间节点，“科普中国”通过 1 分钟短视频的形式，将东方红一号的故事、老一辈航天人的精神及中国航天的发展，用活泼生动的方式展示。短视频《忆往昔峥嵘岁月，望未来航天可期——纪念东方红一号成功发射 50 周年》累计首周播放量 168 万。同时，开展“从东方红一号到中国空间站”的主题直播活动，观看量超过 660 万。

二、“科学辟谣”用真相战胜流言

网络谣言作为一种社会公害，传播速度快、影响范围广、社会危害大。其中有一些所谓的“科学”流言，或披着伪科学面纱，或以偏概全，不利于人们科学理性地应对工作和生活中的各种问题。“科学辟谣”平台正是在这种情形下应运而生的。这个公益性平台由中国科协、国家卫生健康委员会、应急管理部和国家市场监督管理总局等部委主办，中共中央网络安全和信息化委员会办公室指导，全国学会、权威媒体、社会机构和科技工作者共同参与，致力于构建系统完备、科学规范、公众信赖、运行高效的国家级科学辟谣体系，形成最权威的科学类辟谣品牌。通过共建共享模式的谣言库、专家库、辟谣资源库建设，揭开“科学”流言真相，聚焦认知误区，针对性提供权威科学解读。

综合考虑传播热度、危害程度、学科领域等因素，“科普中国”科学辟谣平台评选发布月度“科学”流言榜，大部分与医疗、健康和安全领域密切相关。2020 年共发布 12 期“科学”流言榜，包含 77 条“科学”流言，其中与新冠肺炎、抗病毒和呼吸道疾病相关的流言 33 条，超过 1/3。通过对表 2-11 中“科学”流言进行词频分析发现，“病毒”（28 次）、“新冠”（16 次）、“预防”（14 次）、“新型冠状病毒”（9 次）等关键词出现频次排在前列。

表 2-11 2020 年 1 ～ 12 月发布的“科学”流言榜

2020 年 1 月“科学”流言榜	
1	喝板蓝根和熏醋可以预防新型冠状病毒
2	吸烟能预防病毒感染
3	盐水漱口防病毒
4	燃放烟花能遏制呼吸道疾病的流行
5	吃抗生素能预防新型冠状病毒感染
6	吃“达菲”“病毒灵”能预防新型冠状病毒
7	武汉暴发的神秘疾病已被证实为新型 SARS 病毒
8	SARS 病毒没消失过，一直寄生蝙蝠体内
9	口罩正确戴法：感冒时有颜色的朝外，没感冒反过来
10	喝乳铁蛋白能抑制新型冠状病毒
2020 年 2 月“科学”流言榜	
1	双黄连口服液可预防新型冠状病毒
2	戴多层口罩才能有效预防新型冠状病毒
3	新型冠状病毒肺炎不会传染儿童
4	日常清洁消毒液，浓度越高越好
5	红外线体温计会导致眼部灼伤、视力下降、易发白内障
6	口罩能水洗还能水煮杀菌
2020 年 3 月“科学”流言榜	
1	新冠病毒已经可以居家自测了
2	口罩越厚，防病毒效果越好
3	科学家已经证实抗病毒药阿昔洛韦能有效预防新冠肺炎
4	新冠肺炎患者肺部被病毒啃噬，肺功能不可恢复
5	新型冠状病毒能通过皮肤侵入人体
6	献血使新冠肺炎康复者更衰弱
2020 年 4 月“科学”流言榜	
1	新冠肺炎康复者恢复期血浆治疗会传染乙肝、梅毒等

续表

2	长期吃二甲双胍可以轻松减肥
3	柳絮会携带新冠病毒，从而导致跨区域性传播
4	第三代试管婴儿技术可以选择生男生女
5	牛奶中的免疫球蛋白可预防新冠病毒
6	心梗千万别放支架，得吃一辈子药
2020年5月“科学”流言榜	
1	欧美国家中老年人吃阿司匹林预防血栓
2	5G是新冠病毒的元凶，没有5G就不会暴发疫情
3	鸡屎藤能预防新冠病毒
4	饭前服药就是空腹服药
5	国产食盐里的亚铁氰化钾有毒
2020年6月“科学”流言榜	
1	新冠病毒可通过进食蔬菜、水果和肉类等食物传播
2	零下20℃新冠病毒可存活20年
3	新冠病毒最初就是停留在鼻腔黏膜上，所以要用酒精涂抹鼻腔
4	三文鱼能感染新冠病毒并传染给人
5	咽拭子阳性的受检者就是新冠肺炎确诊病例（分情况）
2020年7月“科学”流言榜	
1	暴雨后自来水会浑浊两三天
2	地球引力场磁场紊乱引发南方暴雨
3	儿童用药只要“减半”就好
4	夏天不适合运动
5	芬必得等止痛药可以治疗胃痛
6	上网课戴蓝光眼镜能防近视
7	有机蔬菜比普通蔬菜更有营养，应优先选择
8	吃益生菌能够排出抗生素
9	糖尿病患者可以吃高GI（Glycemic Index，血糖生成指数，GI>75的食物为高GI食物）食物
10	生乳标准低，所以奶味变淡了
2020年8月“科学”流言榜	
1	高血压是遗传疾病，预防也没有用
2	奥利司他是“无副作用减肥药”
3	自来水中有避孕药

续表

4	打呼噜是睡得香
5	暴雨导致水污染，使得吃西瓜会感染 SK5 病毒
6	小米粥的"米油"营养价值高
2020 年 9 月"科学"流言榜	
1	新冠肺炎康复者可再次被感染，疫苗没有意义了
2	未煮熟的豆浆毒死孩子
3	塑料瓶装水经过暴晒会致癌
4	食用隔夜菜会导致肾衰竭
5	医美面膜人人都应该使用
6	化学合成染料有毒，尤其要小心深色、颜色鲜艳的衣服
2020 年 10 月"科学"流言榜	
1	避免胆固醇升高，就得多吃素
2	布鲁菌病聚集性感染严重，牛羊肉不能吃了
3	防蓝光眼镜有必要戴
4	调和油不好
5	"非油炸"更健康
6	输液能预防脑卒中
2020 年 11 月"科学"流言榜	
1	冷链食品外包装发现新冠活病毒，冷冻食品不能吃了
2	吃抗生素能预防新型冠状病毒感染
3	有 1 种疫苗能预防 12 种癌症
4	韩国流感疫苗致多人死亡，疫苗副作用很大
5	心脏难受，忍忍就好了
2020 年 12 月"科学"流言榜	
1	只要使用加湿器就会导致呼吸道疾病
2	网红牙膏能杀灭幽门螺杆菌
3	2020 年冬天将成为 60 年来最冷寒冬
4	薯片里被检出致癌物超标，薯片不能吃了
5	今年"冬至日"会发生"日环食"，是"庚子年灾难日"
6	复原乳是"假牛奶""地沟油""没营养"

注：共 77 条，排名不分先后。

第五节 “科普中国”品牌的社会影响力

2020年“科普中国”紧密围绕抗疫科普，以平战结合策略，着力优质科普内容创作和严格科学审核，广泛开展机构联动，进一步完善科学辟谣平台及其合作机制，精准对接地方科普需求，深化国际开放交流合作，树立科学、权威的品牌形象，社会影响力明显提升。

一、聚焦权威抗疫科普，新媒体影响力凸显

围绕“两防”（防疫病、防恐慌）、“三导”（防疫辅导、心理疏导、舆论引导）、“一实”（做一批实事），中国科协联合其他部门和机构，以“科普中国”和科学辟谣平台为新型阵地，线上和线下相结合，全面开展抗疫应急科普工作，各类资源和服务直达基层一线，坚守科技为民服务的初心使命。“科普中国”和科学辟谣平台充分发挥在组织体系、内容品牌和智力资源等方面的优势，坚守科学精神，有效回应公众关切，正确引导社会舆论，帮助公众科学应对疫情、缓解心理压力，经受住了这次重大突发公共卫生事件的大考。例如，为充分传播新冠疫苗接种知识，引导公众积极接种、科学接种，“科普中国”策划、制作疫苗科普专题3个，疫苗知识问答卡片27张，原创疫苗科普图文11篇，原创内容平均阅读量超10万，先后精选、发布汇聚图文内容近200篇，短视频内容20余部。通过“科普中国”及其合作渠道、媒体的集中传播，新增传播量超过3000万次。

从新媒体影响力排行榜来看，“科普中国”于2020年1月、8月和10月三次登顶人民日报“人民号”影响力排行榜总榜榜首，连续12个月登顶“人民号”影响力排行政务榜榜首。清博指数显示，“科普中国”官方微信公众号连续两周（2020年第8周、2020年第9周）位列微信指数排行榜第一。

二、广泛开展机构联动，推出优质品牌产品

2020年，“科普中国”联动国家卫生健康委员会、应急管理部、农业农村部、水利部等十余部委建立专项联络和稳定合作关系，科学辟谣平台与中国互联网联合辟谣平台自2月起共同发布“科学”流言榜，为打造国家级科学辟谣平台奠定坚实基础。

在权威内容的合作上，“科普中国”和科学辟谣平台联动国家卫生健康委员会、中国疾病预防控制中心、中华医学会、中国科学院心理研究所等权威机构，确保权威科学内容及时转化为公众易于接受的科普形式。在传播平台的合作上，“科普中国”和科学辟谣平台与《人民日报》、新华社、央视、学习强国等主流媒体平台开展精品内容互联共享，联动支付宝、腾讯、百度、快手、新浪、喜马拉雅、知乎等30多家网络平台，发起品牌科学传播活动，涵盖了音视频、直播、虚拟现实/增强现实（VR/AR）等多种媒介形式，实现了权威内容的生产供给和优质内容的广泛传播。此外，联合人民日报社、中央广播电视总台共同举办2020年度“典赞·科普中国”活动，第一次把典赞活动搬上了央视平台，在中央电视台科教频道首播，在中央电视台综合频道重播。

此外，“科普中国”和科学辟谣平台还联动中国移动、中国平安、中国核工业集团、中国广核集团、科大讯飞、比亚迪等数十家知名企业，共同探索科技资源科普化和科普助力产业宣传发展的新模式。

三、精准对接资源需求，支持地方应急科普

“科普中国”支持地方应急科普，视频资源陆续推广至各省（自治区、直辖市）和澳门特别行政区，以及1个海外渠道（迪拜），上线80多个平台，累计覆盖2.9亿人。“科普中国”服务云制作《科学防疫指南》（含挂图、电子书、海报），以及《疫情来袭不用怕 科普知识来报到》等云资源专题，供地方和社会机构下载。

“科普中国”广泛收集基层信息员所了解到的公众需求信息，帮助各地方定制疫情防控答题内容。充分发挥信息员群的作用，最新的防疫知识等视频、

挂图资源在基层以最快的速度抵达受众。针对科普供给与群众需求匹配差异问题，“科普中国”推动优质应急科普资源下沉基层，精准对接。针对“科普中国”e站后续管理和维护缺位的问题，指导全国32个省级科协在e站平台播放科普视频，为基层群众提供一站式精准服务。此外，“科普中国”打造的陕西频道上线，这是继青海频道后探索建设的第二个地方频道，结合了地方产业、人群等特色进行科普资源匹配。

四、深化国际交流合作，服务全球科学抗疫

“科普中国”积极推动抗疫科普资源服务全球抗疫，遴选个人防护、公众出行、血浆治疗等精品科普内容，翻译成英、法、日、韩等多种语言，携手中国致公党中央委员会，与69个国家和地区的国际科学教育机构开展合作，向德国、新加坡等22个国外相关组织以及海外华人华侨进行推送。联合新华社打造精品短视频《佑护》阐释“科学携手抗疫”，通过中国新华新闻电视网（CNC）等平台向境外推送，在推特（Twitter）、脸书（Facebook）等渠道上线，12小时的浏览量超过10万次。

第三章

“科普中国”信息员发展数据报告

“科普中国”信息员是完成“科普中国”APP 新闻实名注册认证并经常性开展科普信息传播的用户。“科普中国”信息员要下载使用“科普中国”APP 新闻，通过微信群、QQ 群、公众号等社交渠道将“科普中国”信息传递给周边群众，积极配合有关部门参与各类科技教育与传播普及活动，通过社群传播的模式让更加广阔的人群掌握科学知识并认识“科普中国”品牌。“科普中国”信息员在社群传播过程中是科普信息的传播者，以科学权威的信息来源确保科普信息的正确性与严谨性。

第一节 “科普中国”信息员数据报告2020

“科普中国”信息员是“科普中国”特有的线上科普内容分享和转发传播者主体，他们积极宣传和推广“科普中国”APP，打通科普工作“最后一公里”，通过信息转发推荐的方式，向身边公众传播科学权威的科普内容。以下通过描绘“科普中国”APP注册的“科普中国”信息员总数、性别、年龄、地域、分享文章数量及主题等基本特征，描绘“科普中国”信息员队伍的整体画像。

一、“科普中国”信息员队伍注册情况

“科普中国”2020年全年新增注册“科普中国”信息员351.46万人，是2019年新增注册人数（111.70万人）的3倍多，平均每月新增注册29.29万人。注册人数增长最多的月份为11月，为87.35万人，约占全年的25%。截至2020年12月底，“科普中国”信息员队伍扩大为553.45万人。2020年新增注册人数约占累计总数的63%（表3-1、图3-1）。

表3-1 2020年“科普中国”信息员月度新增注册人数

月份	注册人数/人	月份	注册人数/人
1	101 675	7	331 098
2	85 487	8	198 221
3	158 729	9	327 394
4	151 771	10	450 911
5	190 422	11	873 520
6	242 066	12	403 339

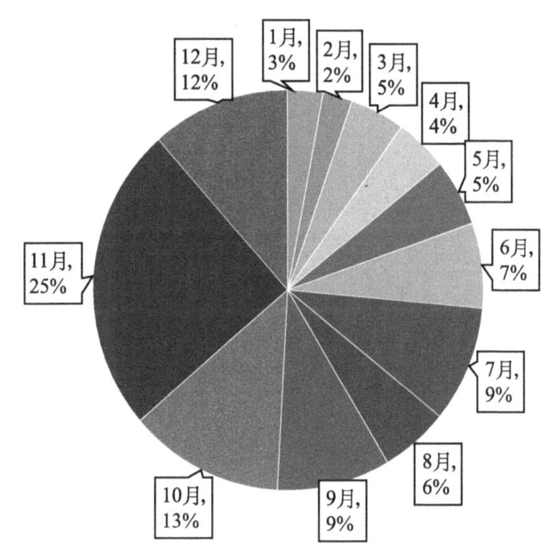

图 3-1 2020 年“科普中国”信息员注册人数月度新增占全年份额

2020 年“科普中国”信息员队伍建设继续扩量、盖面、提质，加大由省会城市向下属地级城市及县区乡村扩散的覆盖范围。表 3-2 左侧数据是 2020 年全年新增“科普中国”信息员人数排列前 10 位的省（自治区、直辖市），其中湖南省（126.47 万）、安徽省（29.39 万）、河南省（21.95 万）、江苏省（20.88 万）、江西省（19.19 万）、广东省（18.77 万）、贵州省（18.16 万）、吉林省（14.01 万）、浙江省（11.76 万）、天津市（11.75 万）。右侧数据是截至 2020 年 12 月底“科普中国”信息员队伍规模位列前 10 位的省（自治区、直辖市）。

表 3-2 “科普中国”信息员注册人员的地域排列前 10 位（省级区划）

2020 年 1～12 月新增注册情况			截至 2020 年 12 月底信息员队伍发展情况		
序号	省（自治区、直辖市）	新增注册人数 / 人	序号	省（自治区、直辖市）	累计注册人数 / 人
1	湖南省	1 264 658	1	湖南省	1 290 515
2	安徽省	293 880	2	吉林省	598 129
3	河南省	219 525	3	内蒙古自治区	388 843
4	江苏省	208 752	4	安徽省	386 772
5	江西省	191 875	5	浙江省	352 161
6	广东省	187 675	6	贵州省	345 519
7	贵州省	181 586	7	河南省	272 109
8	吉林省	140 072	8	广东省	264 252

续表

2020年1～12月新增注册情况			截至2020年12月底信息员队伍发展情况		
9	浙江省	117 623	9	江苏省	236 473
10	天津市	117 451	10	江西省	193 166

二、“科普中国”信息员画像

(一)“科普中国”信息员中女性比男性高0.7%

截至2020年12月底，“科普中国”信息员中女性所占比例（52.79%）多于男性所占比例（47.21%）（图3-2）。相比2019年，“科普中国”男性信息员占比提高了约0.7个百分点，“科普中国”女性信息员在总体数量上继续占据优势。

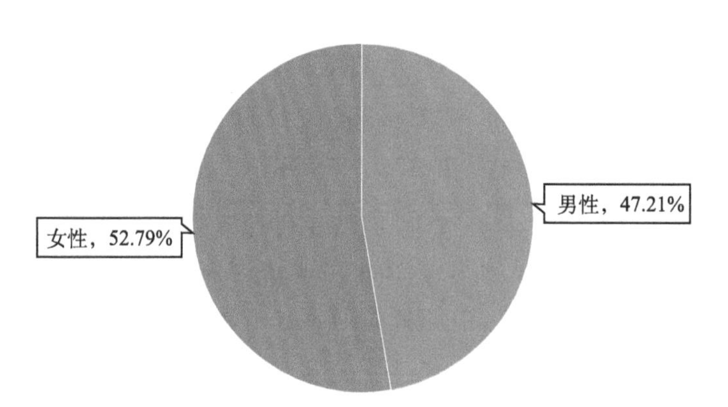

图3-2 “科普中国”信息员的性别占比

(二)“科普中国”信息员主体为28～55岁人群

截至2020年12月底，“科普中国”信息员中占比排列前三位的年龄段分别是：41～55岁（占总人数的29.98%）、28～34岁（占总人数18.82%）、35～40岁（占总人数的16.46%）。相比2019年，18～23岁年龄段人员占比有明显的增加（增长3.24个百分点），而41～45岁年龄段人员占比降低幅度略大（降低了2.86个百分比）。35岁以下的人员占比为48.94%，比2019年增加了 4.42 个百分比（图 3-3）。

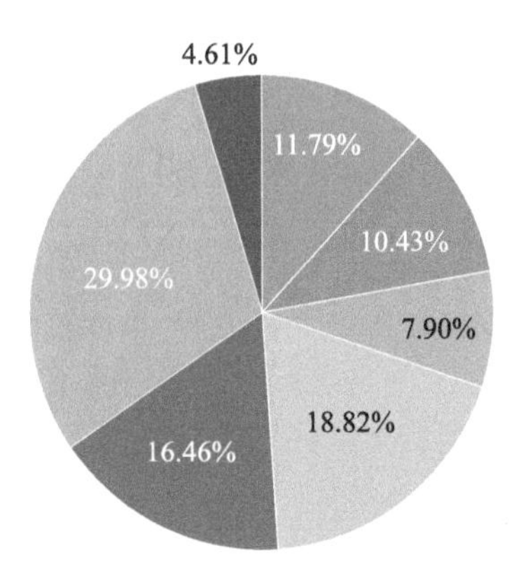

图 3-3 “科普中国”信息员的年龄构成

（三）“科普中国”信息员的受教育程度以本科、大专为主

截至 2020 年 12 月底，“科普中国”信息员中，大专及以下受教育程度的人员约占 60%，本科及以上人员约占 40%，与 2019 年和 2018 年的统计结果差别不大。受教育程度为本科的“科普中国”信息员占比最高，为 38.06%，但相比 2019 年下降了 1.31 个百分点。受教育程度为本科以上（硕士和博士）的比例相比 2019 年略有上升（0.27 个百分点）（图 3-4）。

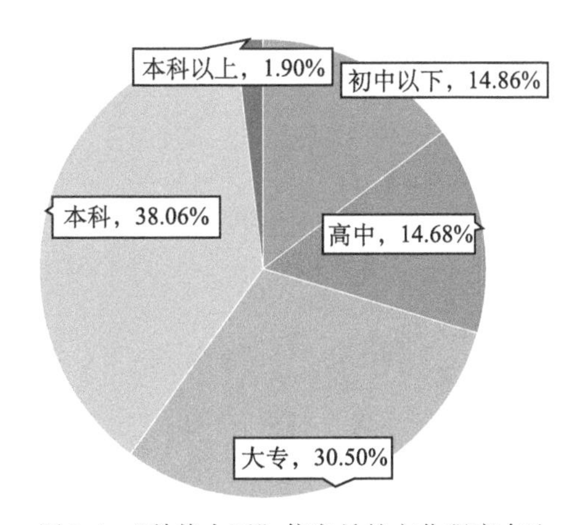

图 3-4 “科普中国”信息员的文化程度占比

三、“科普中国”信息员的分享传播和评论数据

全体“科普中国”信息员2020年全年传播量为32 787.88万次，是2019年的4.2倍。月度传播量数据如图3-5所示，其中11月、10月和9月是传播量排列前三位的月份，分别是6289.09万次、4787.49万次、4028.58万次。

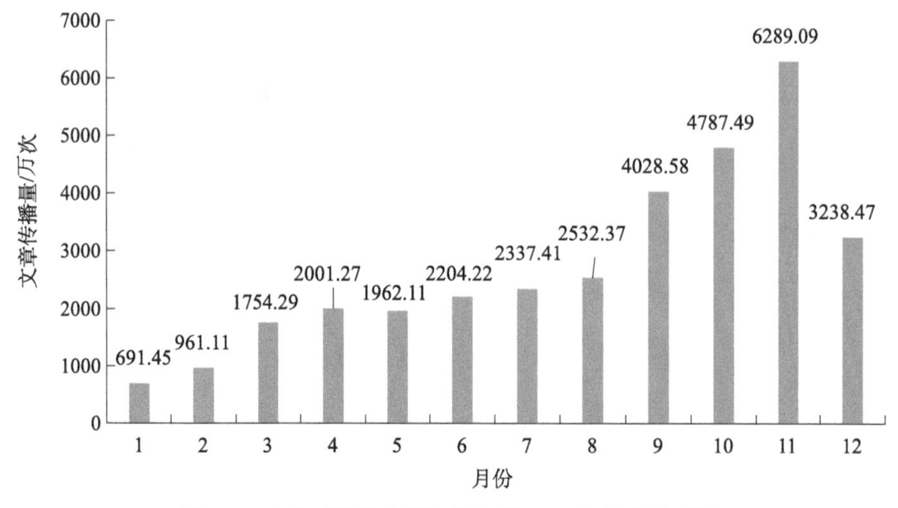

图3-5　全体“科普中国”信息员2020年月度传播量

从地域来看，安徽省、天津市、湖南省的“科普中国”信息员传播量排列前三位，分别是15 827.83万次、3152.24万次、2015.97万次，均突破千万次（图3-6）。安徽省的“科普中国”信息员传播量遥遥领先其他省（自治区、直辖市）。

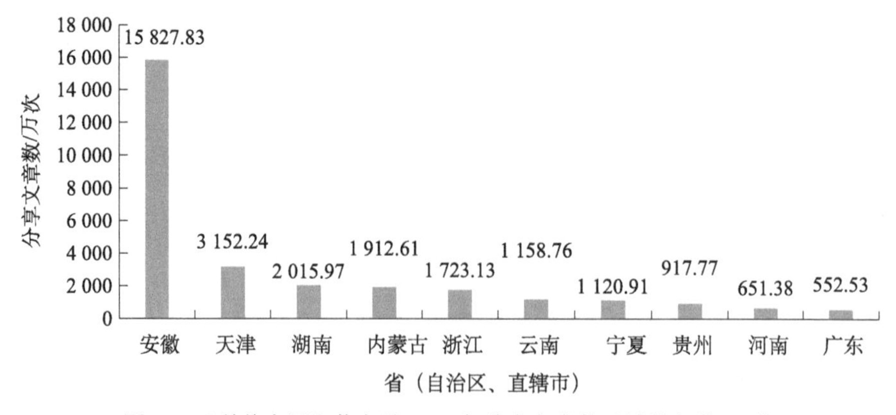

图3-6　“科普中国”信息员2020年分享文章数地域排行前10位

表 3-3 是全体“科普中国”信息员 2020 年分享各主题版块内容数量。“科普中国”信息员偏好分享内容的版块是头条、健康、生活、全民科普。其中，头条版块分享量最高，超过 10 746 万次。除科幻、辟谣、听科普版块，其余版块分享量均超过百万级，16 个版块的分享量超过千万级。而 2019 年仅 12 个版块的分享量超百万，仅两个版块的分享量超千万。

表 3-3 全体“科普中国”信息员 2020 年分享各主题版块内容数量

版块	分享量/次	版块	分享量/次
头条	107 460 936	人物	9 903 514
健康	57 623 181	艺术人文	7 988 394
生活	45 138 059	科学史	7 845 907
全民科普	38 157 143	推荐	4 451 973
百科	32 996 672	原理	4 397 379
科学	29 680 615	心理	2 946 510
社区	27 590 961	专题	2 766 419
博物	19 146 471	美丽乡村	2 140 139
教育	18 592 492	评论	1 800 846
前沿	18 490 675	问答	1 134 582
陕西	17 423 895	读书	1 074 143
视频	16 641 035	科普号	1 010 722
军事	14 014 110	科幻	897 465
青海	13 140 677	辟谣	173 687
图说	11 029 892	听科普	1 023
地理	10 964 507		

截至 2020 年 12 月底，全体“科普中国”信息员对各主题版块内容的评论数量如表 3-4 所示。总体来看，用户最为偏好评论的版块是头条、健康、科学、前沿、全民科普。其中，头条评论量达到最高（1768.5 万条）；其次为健康（841.6 万条）、科学（316 万条）。相比 2019 年，评论数量有了大幅度提升，头条的评论数提升了一个数量级，达到了千万级别；健康、科学版块的评论数均有 100% 的增长率。

表 3-4　全体“科普中国”信息员对各主题版块内容的评论数量（截至 2020 年 12 月底）

版块	评论量 / 条	版块	评论量 / 条
头条	17 685 195	陕西	314 379
健康	8 416 496	青海	270 239
科学	3 160 179	地理	225 287
前沿	2 986 591	人物	165 651
全民科普	2 153 646	推荐	133 869
教育	1 806 606	科学史	133 861
社区	1 752 066	原理	99 227
军事	1 324 127	专题	98 531
百科	1 166 117	科幻	98 103
生活	871 967	科普号	72 441
视频	707 347	心理	47 217
辟谣	583 387	评论	37 130
图说	551 332	读书	36 959
艺术人文	381 620	问答	25 517
博物	372 737	听科普	808
美丽乡村	366 562		

第二节　“科普中国”信息员发展报告 2017～2020

为更好地反映“科普中国”信息员队伍的发展，本节对“科普中国”信息员自 2017 年 5 月开始注册以来至 2012 年 12 月的发展情况进行分析，以探索当前“科普中国”信息员的发展现状与特点，分析存在的不足及短板。

一、“科普中国”信息员发展情况

根据《中国科协办公厅关于对 2020 年科普中国信息员队伍建设优秀单

位予以表扬的通知》，截至2020年底，“科普中国”信息员队伍超过500万人，分享科普作品4.22亿余篇，有效打通了科普传播“最后一公里”，成为服务基层群众的“移动科普中国e站”，为提升公民科学素质做出了积极贡献。

（一）“科普中国”信息员新增注册量逐年上升

截至2020年12月，“科普中国”信息员注册量为553.45万人，总体的趋势为逐年上升，从2017年的年注册量9.29万人逐步上升到2020年的年注册量351.46万人（图3-7）。

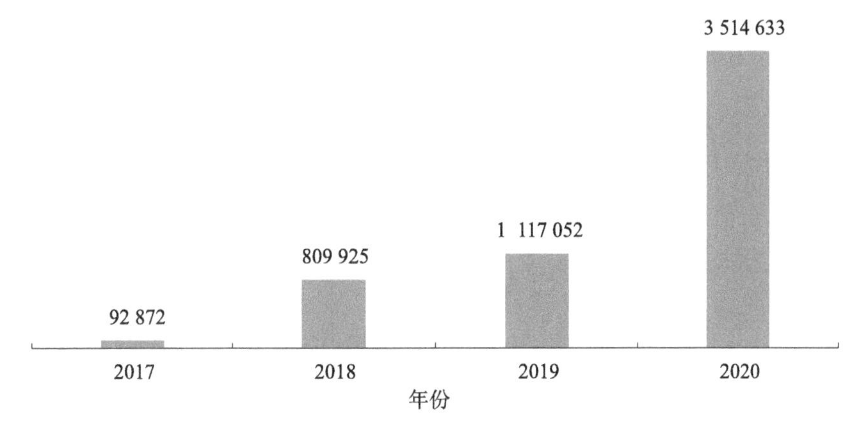

图3-7 2017～2020年“科普中国”信息员注册量（单位：人）

“科普中国”信息员的新增注册量呈现以年为单位的周期性波动，每年的年底会出现当年的注册高峰：2017年12月出现了当年的注册高峰，达5.90万人，2018年12月的注册高峰增长到了30.33万人，2019年12月的注册量高峰为22.97万人，2020年11月达到了平台创建以来的最高注册高峰——87.35万人（图3-8）。“科普中国”信息员的注册数据突变幅度较大，高峰月份注册人数往往能够达到平时月份注册人数的2～3倍。每年的非高峰月注册量数据走势相似，1～10月的注册人数变化较为平缓，几乎无峰值。由此可推断，“科普中国”信息员的注册行为比较集中，可能在每年的全国科普日活动期间均有大量注册，活动过后注册热度则迅速消失。

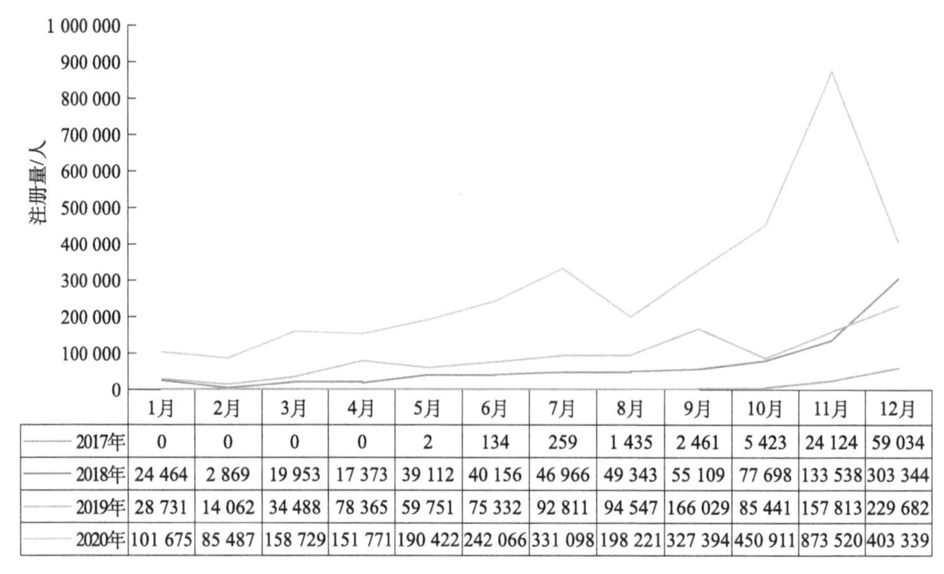

	1月	2月	3月	4月	5月	6月	7月	8月	9月	10月	11月	12月
2017年	0	0	0	0	2	134	259	1 435	2 461	5 423	24 124	59 034
2018年	24 464	2 869	19 953	17 373	39 112	40 156	46 966	49 343	55 109	77 698	133 538	303 344
2019年	28 731	14 062	34 488	78 365	59 751	75 332	92 811	94 547	166 029	85 441	157 813	229 682
2020年	101 675	85 487	158 729	151 771	190 422	242 066	331 098	198 221	327 394	450 911	873 520	403 339

图 3-8　2017～2020 年“科普中国”信息员注册量变化

截至 2020 年 12 月，从“科普中国”信息员注册量排序可以看出，排在前五位的省（自治区）分别为：湖南省、吉林省、安徽省、内蒙古自治区、浙江省。其中，湖南省的总注册量高达 161 万人，是位列第二的吉林省的两倍以上（图 3-9）。

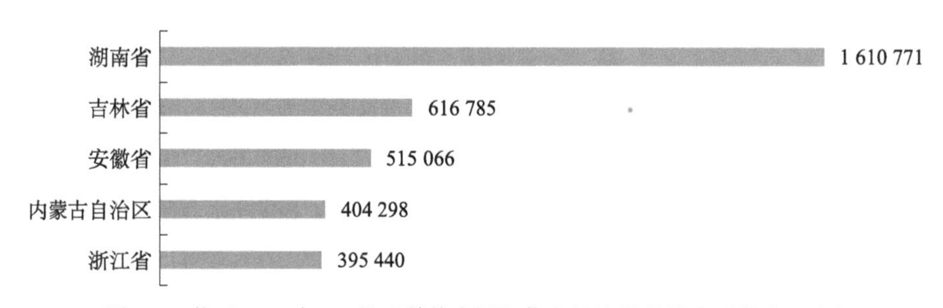

图 3-9　截至 2020 年 12 月“科普中国”信息员注册量排名（单位：人）

（二）“科普中国”信息员的信息传播量达到了 4.23 亿次

截至 2020 年 12 月，“科普中国”信息员的信息传播量达到了 4.23 亿次，总体趋势为逐年上升。2017 年传播量为 36 万次，2018 年转播量达到了 1641.20 万次，2019 年持续增长达到了 7808.12 万次，2020 年则是达到了 3.28

亿次，整体数量可见明显的指数型上升（图 3-10）。

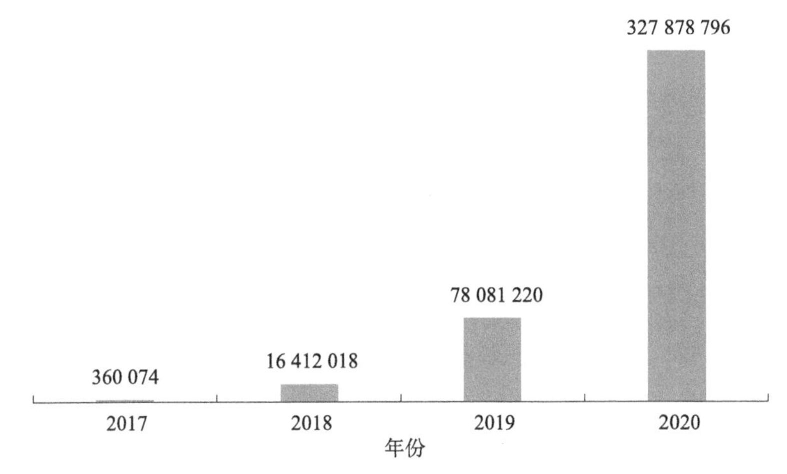

图 3-10 2017～2020 年"科普中国"信息员的信息传播量（单位：次）

"科普中国"信息员的信息传播量自 2017 年 5 月起呈现稳步上升，波动并不明显。2020 年 11 月达到峰值，单月达 6289.10 万次，而后热度有所下降，在随后的 2020 年 12 月即下降到了 3238.47 万次。从"科普中国"信息员的信息传播量变化来看，虽然在每年 11 月有小规模上扬，但是 11 月后不会产生较大落差，2020 年 11 月尤为特殊，达到峰值后传播量即大幅度回落，回落幅度为 49.13%（图 3-11）。

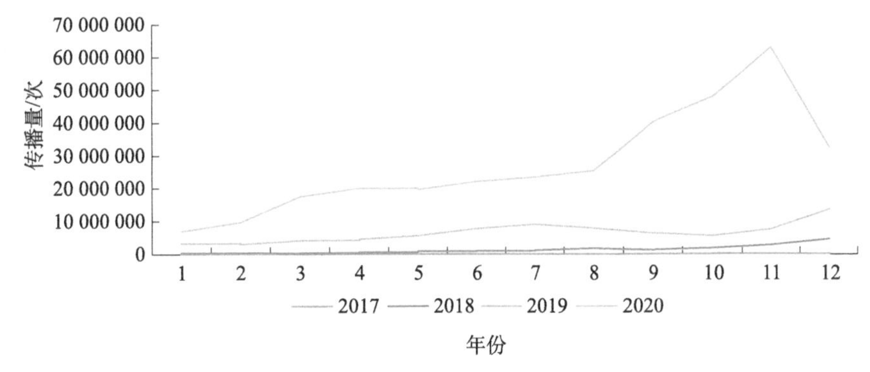

图 3-11 2017～2020 年"科普中国"信息员的信息传播量走势

截至 2020 年 12 月，从"科普中国"信息员的信息传播量排序可以看出，排在前五位的省（自治区、直辖市）分别为：安徽省、湖南省、天津市、内蒙古自治区、浙江省。其中，安徽省的“科普中国”信息员的信息传播量尤为突出，达到了 1.99 亿次，是排在第二位的湖南省的两倍以上（图 3-12）。

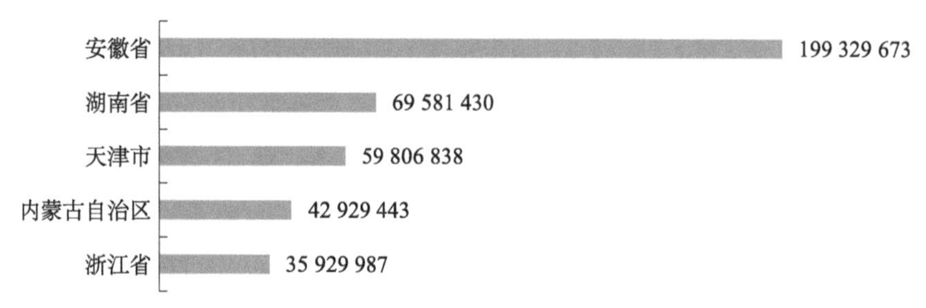

图 3-12　截至 2020 年 12 月“科普中国”信息员的信息传播量排名（单位：次）

（三）“科普中国”信息员月活量在 2020 年跳跃式增长

“科普中国”信息员的月度活跃是指其当月访问过“科普中国”APP，月活量是指当月活跃的“科普中国”信息员的数量。“科普中国”信息员月活量的总体趋势为逐年上升，2019 年平均月活量为 9.99 万人，2020 年平均月活量为 29.56 万人，相比 2019 年平均月活量增加了 195.90%（表 3-5）。

表 3-5　2019 ～ 2020 年“科普中国”信息员月活量

年份	月活量 / 人	平均月活量 / 人
2019	1 198 370	99 864
2020	3 547 755	295 646

“科普中国”信息员的月活量与其注册量相似，呈现以年为单位的周期性波动，但是与注册量不同的是月活量并没有明确的峰值。每年的年初与年末均是月活量较低的时期，2019 年月活量峰值出现在 7 月，月活量为 14.86 万人；2020 年月活量峰值出现在 11 月，月活量为 62.39 万人（图 3-13）。

截至 2020 年 12 月，从“科普中国”信息员的总体访问量排序可以看出，排在前五位的省份分别为：湖南省、贵州省、安徽省、河南省、浙江省。访问量最高的湖南省达到了 146.89 万人，是排在第二位的贵州省总访问量的两倍以上（图 3-14）。

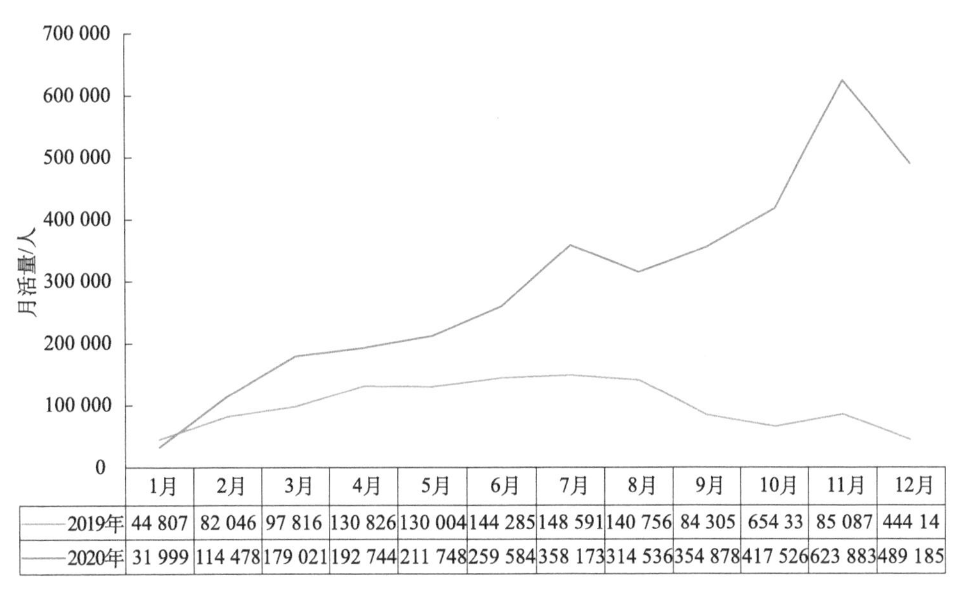

	1月	2月	3月	4月	5月	6月	7月	8月	9月	10月	11月	12月
2019年	44 807	82 046	97 816	130 826	130 004	144 285	148 591	140 756	84 305	654 33	85 087	444 14
2020年	31 999	114 478	179 021	192 744	211 748	259 584	358 173	314 536	354 878	417 526	623 883	489 185

图 3-13 2019～2020 年“科普中国”信息员月活量

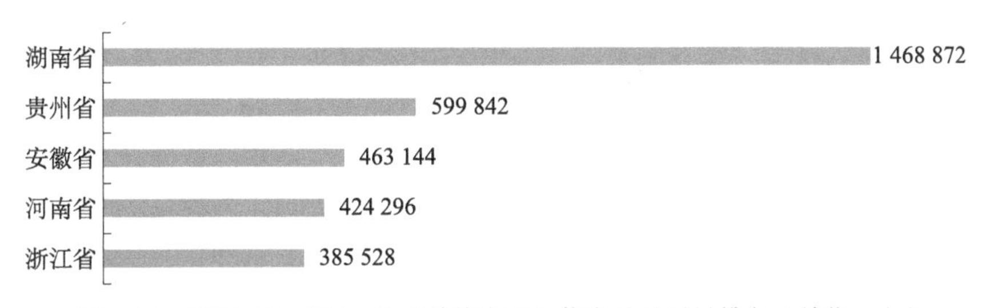

图 3-14 截至 2020 年 12 月“科普中国”信息员月活量排名（单位：人）

二、“科普中国”信息员各地发展情况

“科普中国”信息员在地区层面的发展整体较为稳定，不同的地区体现出了不同的发展模式与发展进程。图 3-15 展示的“科普中国”信息员在全国的数量现状（未包括港澳台地区数据），可以明显看出各省（自治区、直辖市）的信息员数量之间出现了数量级上的差异。

“科普中国”信息员的发展受多方面因素影响，根据其注册量变化的趋势，我们可以将其的发展划分为三类，即跳跃式、阶段式、均衡式。

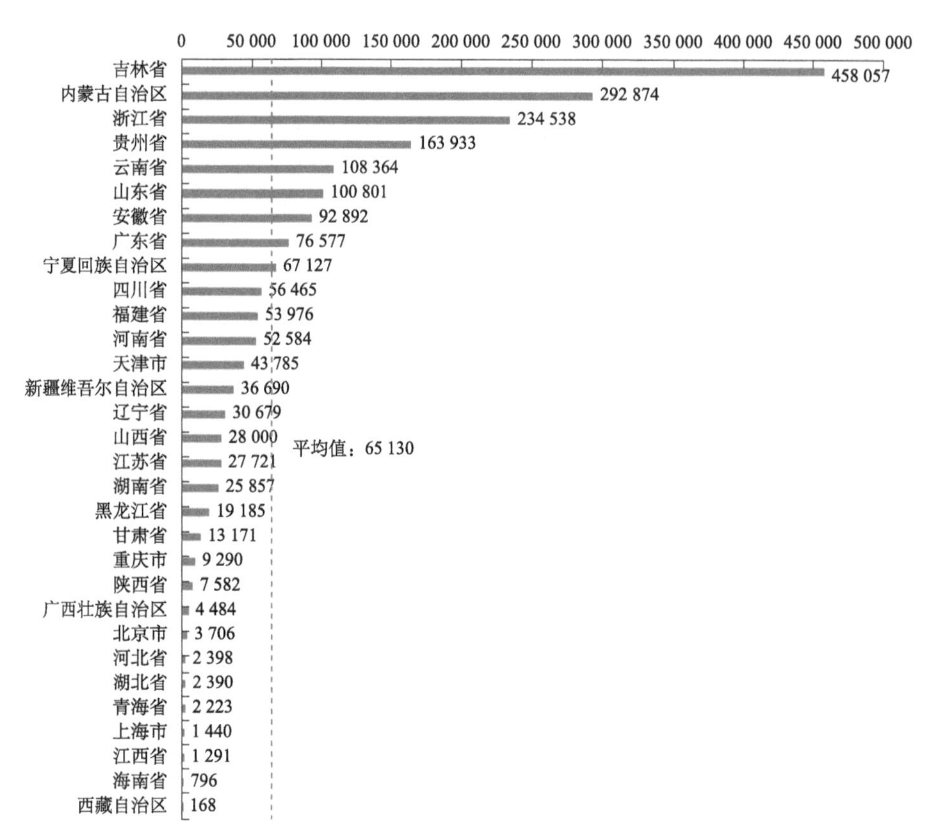

图 3-15 截至 2019 年 12 月“科普中国”信息员各地注册量数据（单位：人）

（一）跳跃式发展

跳跃式发展广泛存在于几乎所有省（自治区、直辖市）的发展中，比较典型的有湖南省、吉林省以及内蒙古自治区。特征是总体发展速度较低，但是在集中的一两个月时间里发展迅速，发展速度往往是平时发展速度的 10 倍以上。

图 3-16 反映了湖南省 2017 年 1 月至 2019 年 9 月的“科普中国”信息员队伍跳跃式发展特征，可以看出仅有 2000 人以内的注册量微小波动，最高值仅为 1777 人。2019 年 9 月之后则发生了大幅度的增加，2019 年 11 月达到了注册峰值 9004 人。而后的 2019 年 12 月，注册热度没有降低，维持在了 8000 人以上。

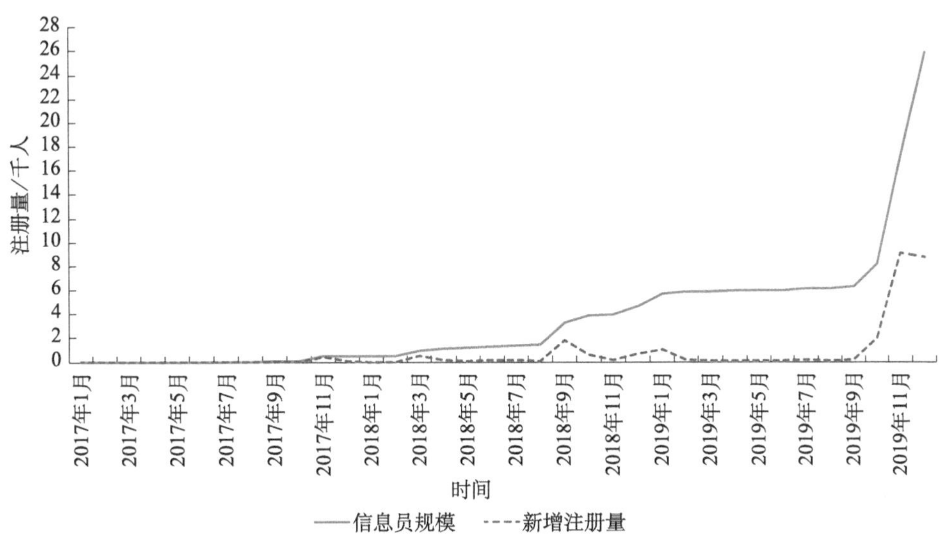

图 3-16 湖南省“科普中国”信息员规模及注册数据

同样的情况也发生在吉林省，其在 2017 年 1 月至 2018 年 5 月的注册量并没有较大的变动。随后在 2018 年 8 月产生了第一个注册高峰期，注册人数高达 2.68 万人。随后经 9 月的注册量回落，在 2018 年 12 月再次产生了第二个注册量高峰，注册人数为 10.93 万人。随后注册量直线下降，2019 年 1 月的注册量为 6466 人（图 3-17）。

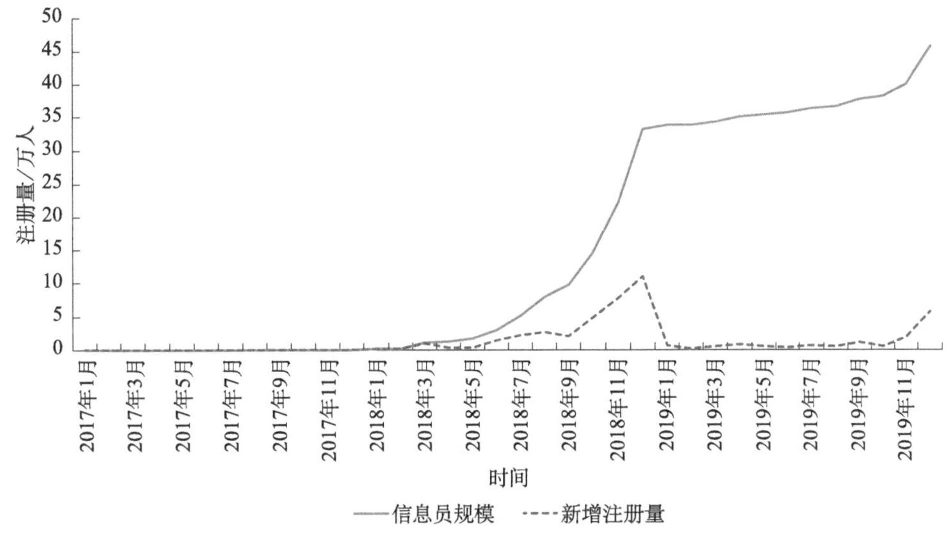

图 3-17 吉林省“科普中国”信息员累计注册量

内蒙古自治区的“科普中国”信息员注册量变化情况更加明显，从 2017

年 1 月至 2019 年 1 月，仅存在一个注册峰值，即 2018 年 12 月，注册人数高达 14.93 万人。在其余时间月注册人数均小于 1 万人。峰值当月注册人数超过了总注册人数的 50%（图 3-18）。

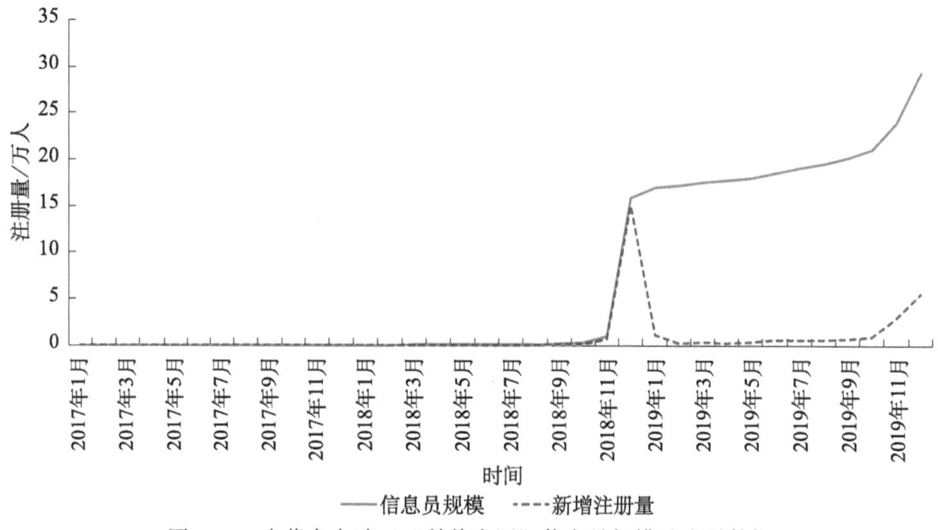

图 3-18 内蒙古自治区"科普中国"信息员规模及注册数据

同样的情况也发生在贵州省的"科普中国"注册量变化之中。绝大多数的注册用户集中在 3 个月内进行了注册，主要注册时间为 2019 年 5～11 月。该时间段内产生了两个注册峰值，最高可以达到每个月 4.3 万人（图 3-19）。

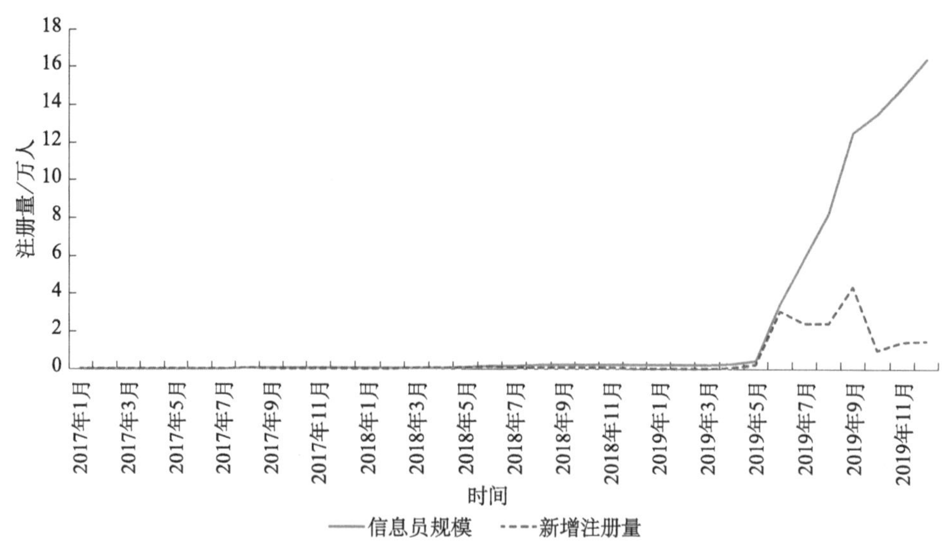

图 3-19 贵州省"科普中国"信息员规模及注册数据

（二）阶段式发展

阶段式发展数据往往以年份为周期，每年的变化趋近相同。以浙江省为例，除了 2017 年变化较为平缓外，2018 年与 2019 年每年均有两个重要的发展阶段，分别在每年的 5 月与 11 月。另外每个年度保持着相似的注册特征，该年年末至次年年初为注册低谷，在 5 月、11 月两个注册峰值之间月注册量虽有减少，但是仍然维持在峰值的一半左右（图 3-20）。

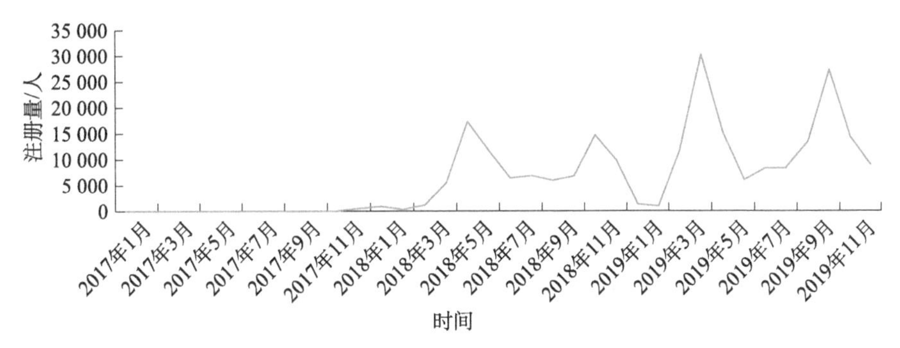

图 3-20　浙江省“科普中国”信息员注册量变化

类似的阶段式发展特征也出现在宁夏回族自治区的“科普中国”信息员中，在 2018 年至 2019 年两个年度中，峰值均产生在 5 月至 7 月之间，每年的年初以及年末则是注册的低谷期（图 3-21）。

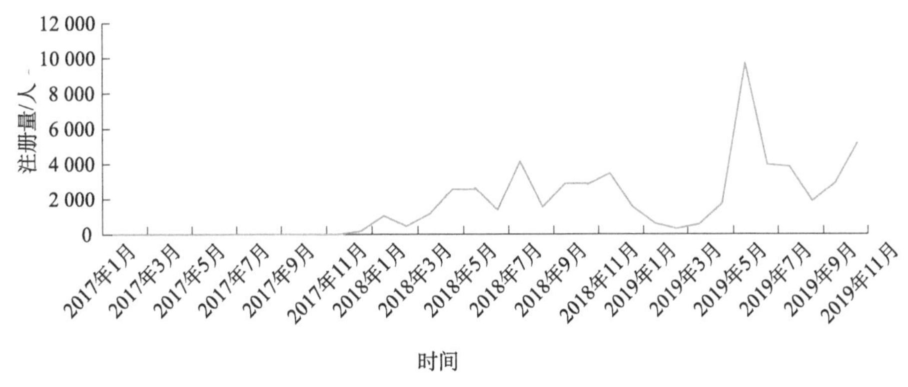

图 3-21　宁夏回族自治区“科普中国”信息员注册量变化

（三）均衡式发展

均衡式发展在各省（自治区、直辖市）“科普中国”信息员的发展中出现较少，其表现为总体发展趋势持续向上，有多个注册高峰但变化程度不大。以江苏省为例，该省“科普中国”信息员发展较早，自2017年8月即产生了大量的注册用户，直至2019年年末虽有多个无周期规律的注册峰值，但是月注册峰值均不超过6000人。注册峰值相邻较近，平均每三个月就会出现注册高峰，多数注册峰值过后无明显的注册量回落，相对注册情况比较稳定（图3-22）。

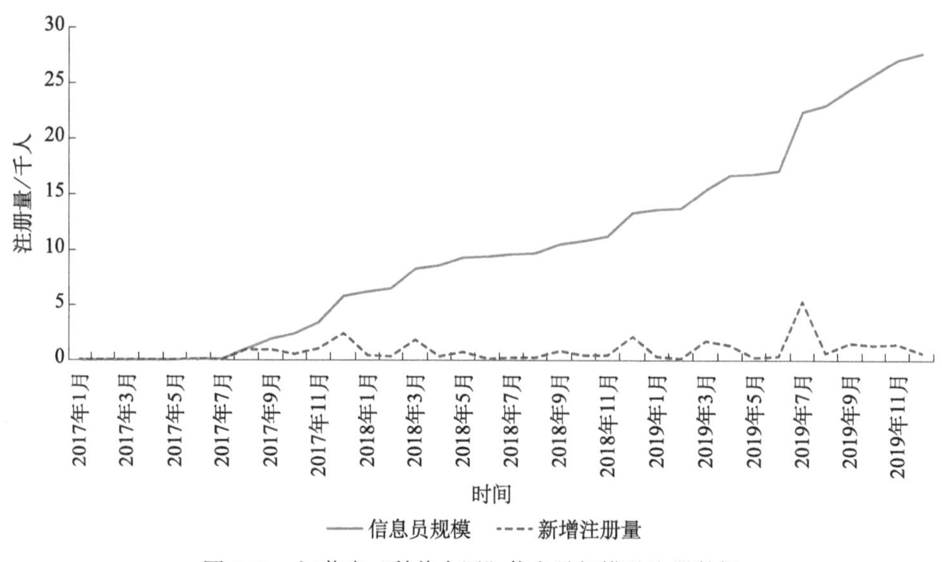

图3-22　江苏省“科普中国”信息员规模及注册数据

三、“科普中国”信息员城市分级发展情况

报告按照一线城市、新一线城市、二线城市、三线城市、四线城市、五线城市六类城市分级[①]，对“科普中国”信息员在2017～2019年三年内的发展情况进行分析。从注册总数上来看，2017～2019年呈现逐级下沉的格局，60%以上的“科普中国”信息员分布在四线城市与五线城市。从平均每个城市的注册量来看，新一线城市与二线城市都有较好的表现（表3-6）。

① 城市分级依据“第一财经”发布的2021城市商业魅力排行榜。

表 3-6 “科普中国”信息员城市分级注册量

城市分级	注册总数 / 人	平均每个城市注册数 / 人	城市数量 / 人
一线城市	12 258	3 065	4
新一线城市	131 021	8 735	15
二线城市	263 966	8 799	30
三线城市	311 146	4 445	70
四线城市	509 527	5 661	90
五线城市	764 645	5 974	128

三年的时间里平均每个新一线城市都增加了 8735 名“科普中国”信息员，平均每个二线城市增加了 8799 人。相比之下，一线城市的“科普中国”信息员注册发展较慢，平均每个一线城市三年间增加 3065 人（图 3-23）。

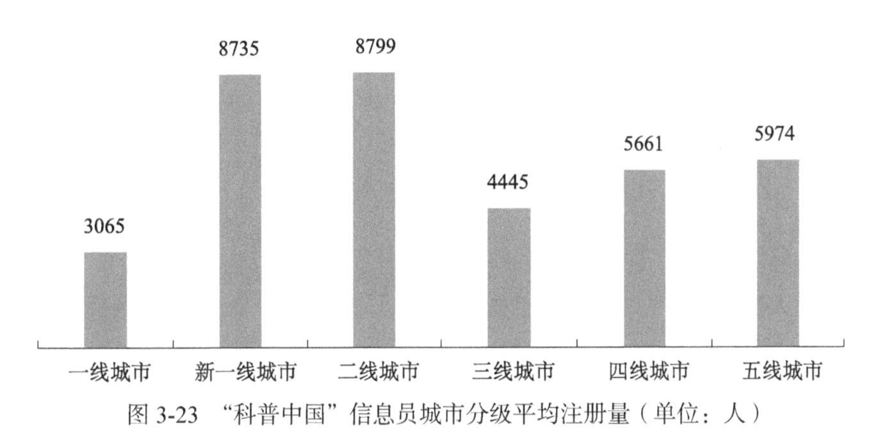

图 3-23 “科普中国”信息员城市分级平均注册量（单位：人）

新一线城市的发展在 2019 年较为突出，平均每个新一线城市在 2019 年都增加了 6296 名“科普中国”信息员。二线城市在 2018 年与 2019 年两个年度均有较为突出的增长，平均每个二线城市在 2018 年都增加了 3657 名“科普中国”信息员，2019 年增加了 4896 名。四线城市与五线城市分别在 2019 年与 2018 年出现注册高峰（图 3-24）。

（一）一线城市的“科普中国”信息员发展较为缓慢

一线城市的“科普中国”信息员人数整体偏少，北京市、深圳市、广州市 2017～2019 年的注册总量均为 3500 人左右（表 3-7）。

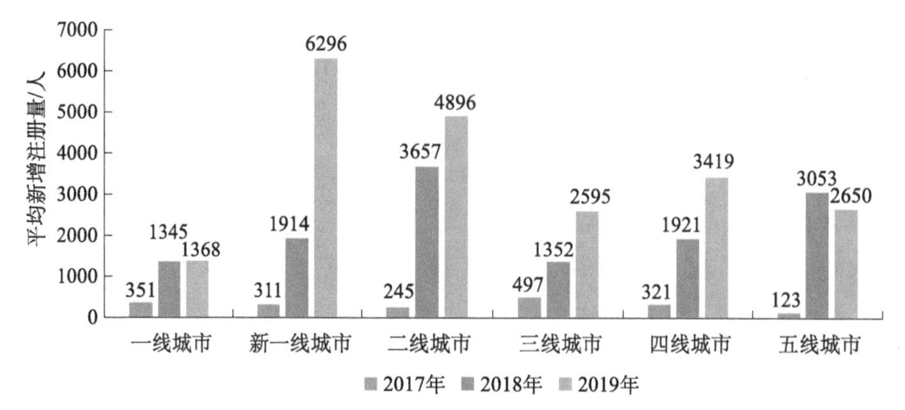

图 3-24 “科普中国”信息员城市分级年度平均新增注册量

表 3-7 一线城市“科普中国”信息员注册量

城市	“科普中国”信息员注册量 / 人
北京市	3706
广州市	3696
深圳市	3416
上海市	1440

一线城市的“科普中国”信息员发展整体较为缓慢，2017 年平均每个城市的注册人数为 351 人，2018 年提升达到了 1345 人，2019 年达到了 1368 人（图 3-25）。

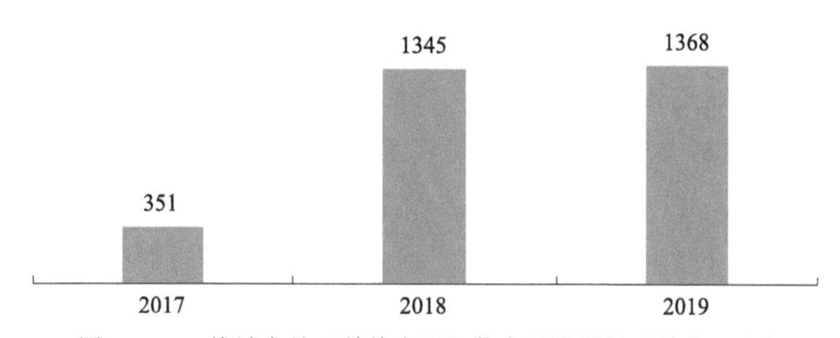

图 3-25 一线城市的“科普中国”信息员注册量（单位：人）

以上海市与北京市为例。上海市总体月注册人数相对于其他省（自治区、直辖市）较少，大多数“科普中国”信息员的注册时间是在 2018 年年末与 2019 年年初，注册峰值出现在 2019 年 1 月，为 351 人（图 3-26）。

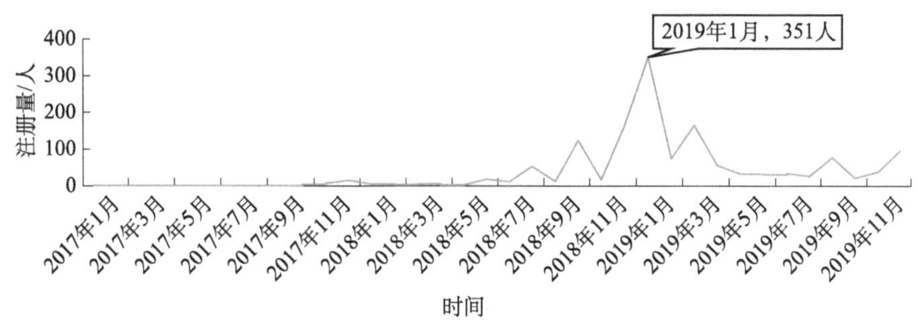

图 3-26 上海市的“科普中国”信息员注册量变化

北京市的“科普中国”信息员人数发展相比上海市多。2017 年至 2019 年上半年，北京市的注册人数均处于比较低的水平，月注册量不足 500 人。2019 年 12 月出现了注册峰值，为 1104 人（图 3-27）。

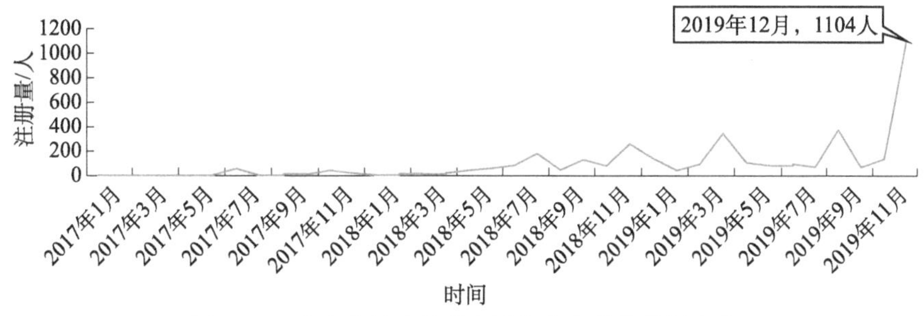

图 3-27 北京市的“科普中国”信息员注册量变化

（二）新一线城市的“科普中国”信息员发展速度有较快的跃升

新一线城市的“科普中国”信息员注册情况较好，天津市等城市三年内的注册量在万人以上（表 3-8）。

表 3-8 新一线城市“科普中国”信息员注册量

城市	“科普中国”信息员注册量 / 人
天津市	43 785
杭州市	24 907
宁波市	23 900
重庆市	9 290
青岛市	5 786
佛山市	4 331
东莞市	3 741

续表

城市	“科普中国”信息员注册量 / 人
成都市	3 200
苏州市	2 878
郑州市	2 745
沈阳市	2 372
南京市	1 973
长沙市	1 108
西安市	839
武汉市	166

新一线城市在2017年至2019年的“科普中国”信息员注册量发展速度有很快的跃升，2018年注册人数达到了1914人，2019年达到了6296人（图3-28）。

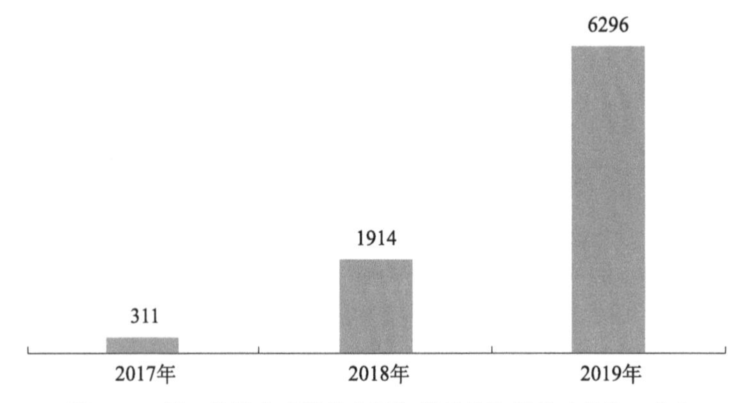

图3-28　新一线城市“科普中国”信息员注册量（单位：人）

天津市作为新一线城市的典型，2017～2019年没有出现较高的发展趋势，2019年末出现了高达2万人以上的注册量（图3-29）。

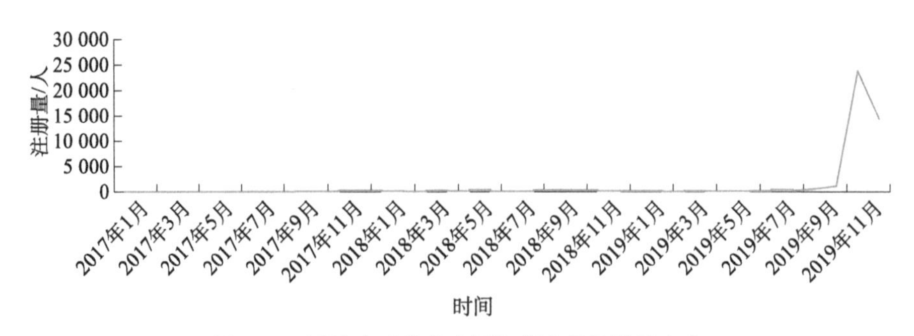

图3-29　天津市“科普中国”信息员注册量变化

重庆市作为新一线城市，其“科普中国”信息员注册量一直维持在较低的水平。2017～2019年，注册的最高峰值出现在2019年11月，为2874人（图3-30）。

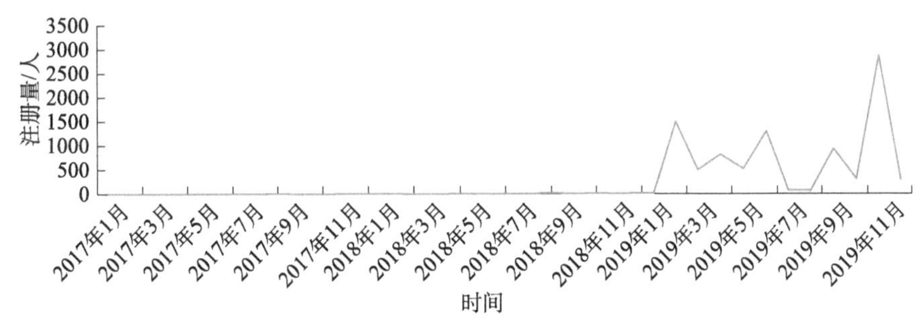

图3-30 重庆市“科普中国”信息员注册量变化

（三）二线城市的“科普中国”信息员平均注册量呈指数级提升

二线城市每个城市的“科普中国”信息员注册量与新一线城市的接近，长春市、台州市等7个城市的“科普中国”信息员注册量均超过万人（表3-9）。

表3-9 二线城市“科普中国”信息员注册量

城市	“科普中国”信息员数量/人	城市	“科普中国”信息员数量/人
长春市	54 524	济南市	3 454
台州市	25 273	珠海市	3 446
温州市	24 564	惠州市	3 212
金华市	23 658	泉州市	3 158
嘉兴市	22 182	南通市	2 883
绍兴市	19 785	徐州市	2 382
贵阳市	18 029	常州市	2 217
昆明市	8 283	无锡市	2 045
厦门市	7 266	太原市	1 943
福州市	6 909	哈尔滨市	1 887
临沂市	6 527	大连市	1 568
合肥市	5 522	兰州市	842

续表

城市	“科普中国”信息员数量 / 人	城市	“科普中国”信息员数量 / 人
潍坊市	4 190	南宁市	238
中山市	3 893	石家庄市	181
烟台市	3 771	南昌市	134

2017 年至 2019 年，二线城市的“科普中国”信息员注册量有着指数级的提升，2017 年平均每个二线城市的“科普中国”信息员注册量为 245 人，到 2018 年跃升到了 3657 人，2019 年更是增加到了 4896 人（图 3-31）。

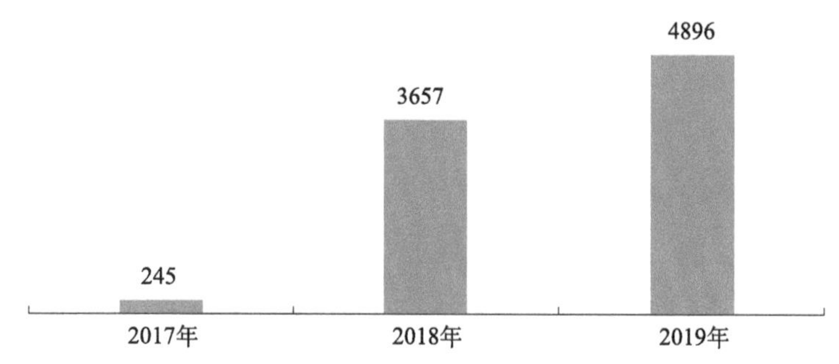

图 3-31 二线城市“科普中国”信息员平均注册量（单位：人）

以长春市为例，长春市作为二线城市，2017 年至 2019 年共出现一次注册量突增，2018 年 12 月的注册峰值达到了 2.85 万人。在其余时间中，长春市的月注册量均保持在 1000 左右（图 3-32）。

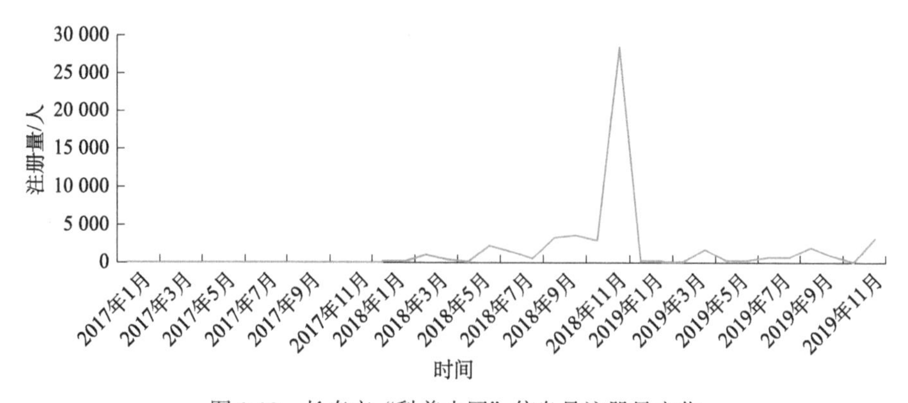

图 3-32 长春市“科普中国”信息员注册量变化

（四）三线城市的“科普中国”信息员注册量发展比较平缓

三线城市的“科普中国”信息员注册量相较二线城市与新一线城市的发展较慢，2017 年平均每个三线城市注册 497 名“科普中国”信息员，2018 年注册人数有所增长，平均每个三线城市注册 1352 名，2019 年则是达到了 2595 名（图 3-33）。

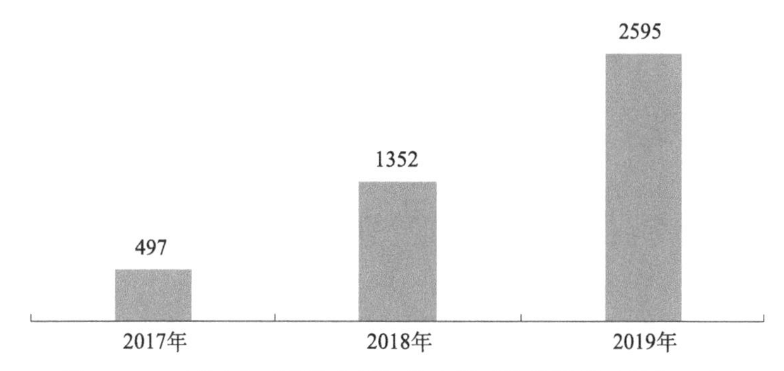

图 3-33 三线城市“科普中国”信息员平均注册量（单位：人）

遵义市作为三线城市，2017 年至 2019 年的“科普中国”信息员总数为 32 478 人。整体注册高峰均发生在 2019 年，3 个注册高峰分别是：6 月注册 6476 人，9 月注册 11 170 人，11 月注册 3435 人（图 3-34）。

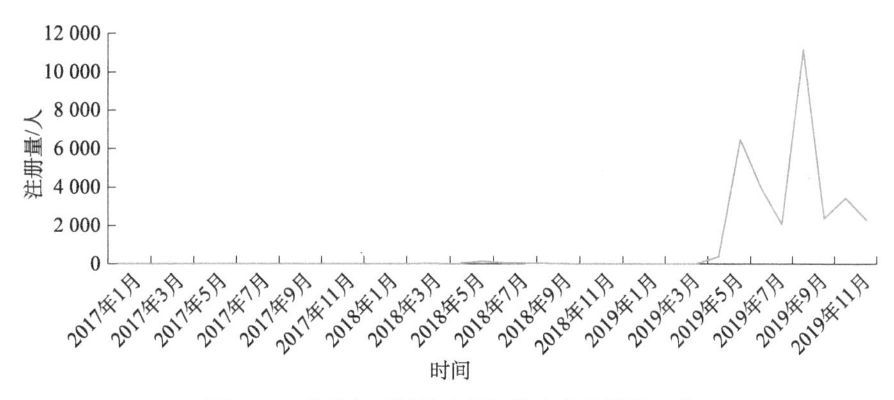

图 3-34 遵义市“科普中国”信息员注册量变化

银川市作为三线城市，2017 年至 2019 年的“科普中国”信息员总数为 19 106 人。2018 年的注册高峰期为 7 月，共注册 2315 人。2019 年的 5 月为注册高峰期，共注册 3556 人（图 3-35）。

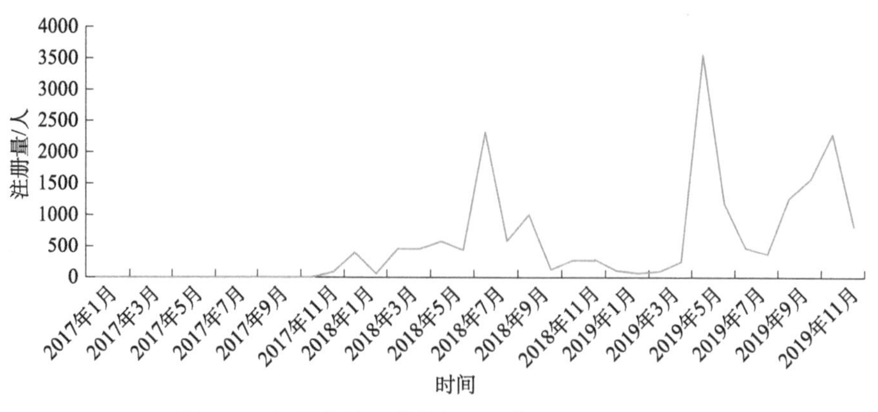

图 3-35　银川市的“科普中国”信息员注册量变化

（五）四线城市的“科普中国”信息员平均注册量 2019 年有较大提升

四线城市的“科普中国”信息员人数比三线城市多，2017 年平均每个三线城市注册了 321 名，2018 年注册了 1921 名，2019 年注册了 3419 名（图 3-36）。

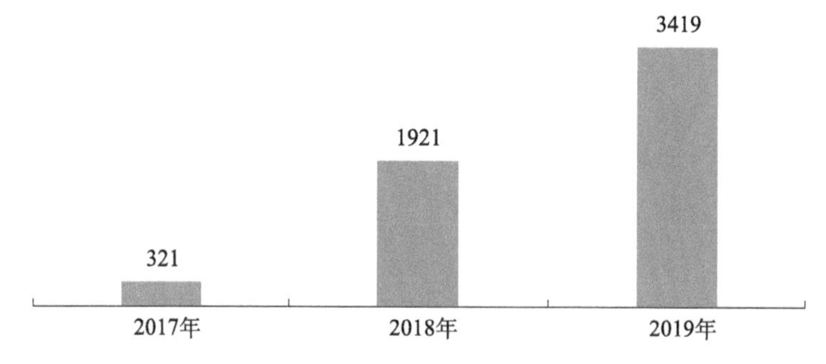

图 3-36　四线城市“科普中国”信息员平均注册量（单位：人）

吉林市作为四线城市，2017 年至 2019 年的“科普中国”信息员总数为 77 611 人。2018 年 12 月为唯一的注册高峰期，共注册 24 855 人（图 3-37）。

拉萨市作为四线城市，2017 年至 2019 年的“科普中国”信息员总数仅为 101 人。2019 年 5 月是唯一的注册高峰期，共注册 56 人（图 3-38）。

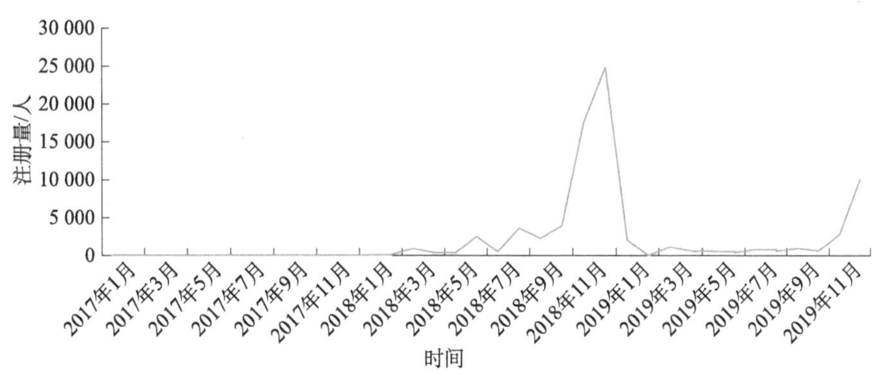

图 3-37 吉林市“科普中国”信息员注册量变化

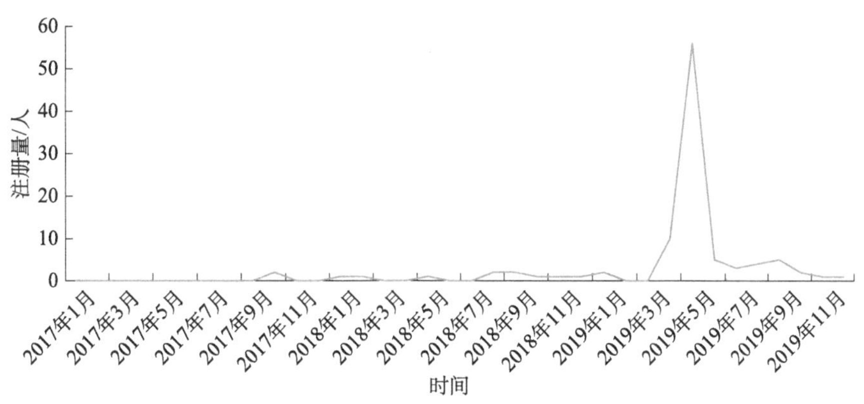

图 3-38 拉萨市“科普中国”信息员注册量变化

（六）五线城市的“科普中国”信息员平均注册量 2018 年提升较快

五线城市的“科普中国”信息员在 2018 年发展最快，当年平均每个五线城市新增信息员 3053 人。2019 年相较 2018 年的注册量有所回落，降低至 2650 人（图 3-39）。

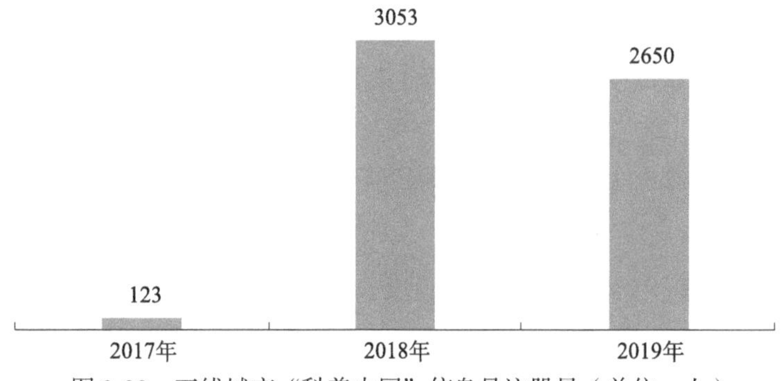

图 3-39 五线城市“科普中国”信息员注册量（单位：人）

四平市作为五线城市，2017 年至 2019 年的“科普中国”信息员总数为 54 524 人。2018 年 12 月是唯一的注册高峰期，共注册 28 316 人（图 3-40）。

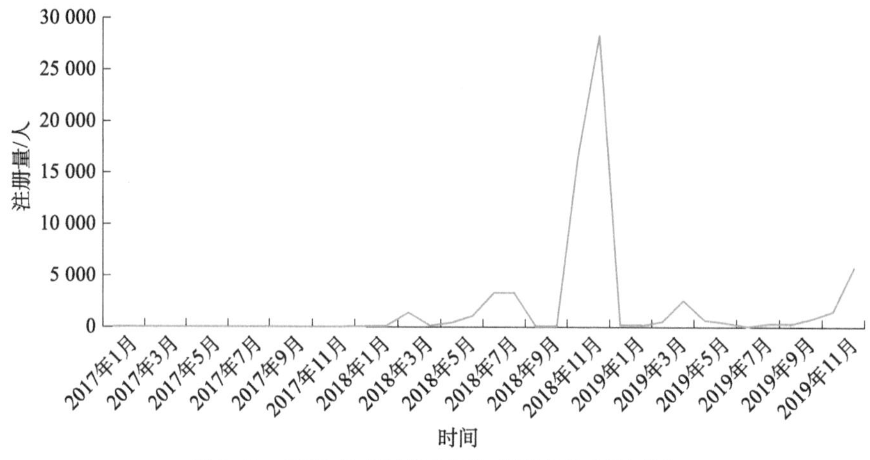

图 3-40　四平市“科普中国”信息员注册量变化

喀什市作为五线城市，2017 年至 2019 年的“科普中国”信息员总数仅为 3042 人，存在多个注册高峰期，2017 年 11 月的注册高峰期，共注册 188 人，2018 年 9 月的注册高峰期共注册 462 人，2019 年 4 月的注册高峰期共注册 489 人（图 3-41）。

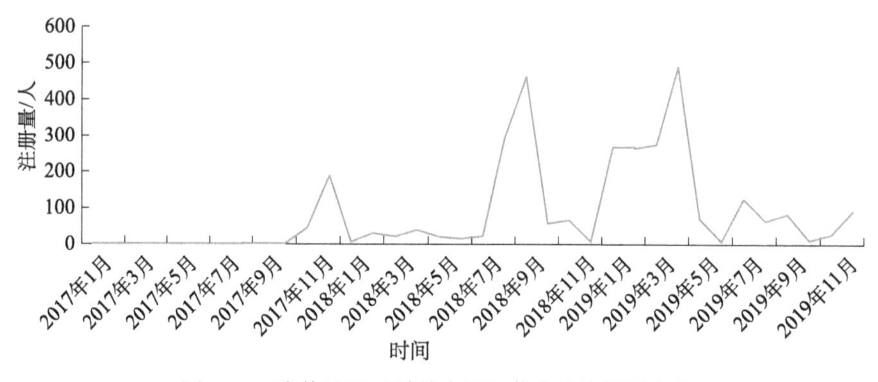

图 3-41　喀什地区“科普中国”信息员注册量变化

四、“科普中国”信息员特征分析

（一）“科普中国”信息员的性别、年龄、文化程度特征

“科普中国”信息员的性别结构在 2018 年至 2020 年变化较大，从 2018 年

男性占多数（59.40%）变为2019年女性占多数（53.49%），性别结构变化幅度超过10%。2020年仍由女性占多数（52.79%），但相较2019年女性所占比例略微减少（图3-42）。

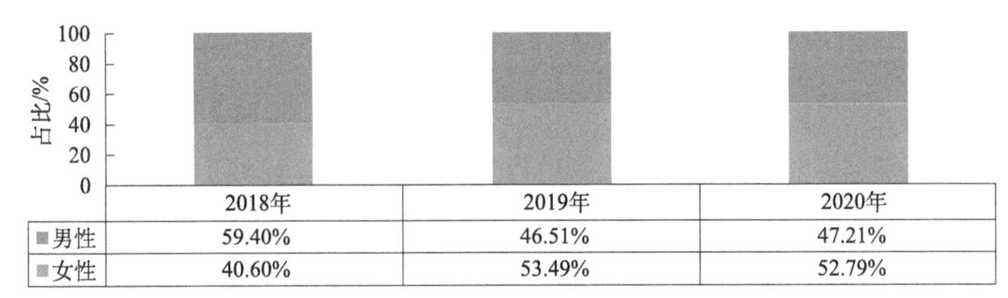

	2018年	2019年	2020年
男性	59.40%	46.51%	47.21%
女性	40.60%	53.49%	52.79%

图3-42 “科普中国”信息员的性别特征

“科普中国”信息员的年龄结构在2018年至2020年变化较大，18岁以下的信息员占比3年间持续上升，从2018年的0.10%上升至2020年的11.79%。18～24岁的信息员占比也有些许上升，从2018年的3.50%稳步上升至2020年的10.43%。25～34岁的信息员占比则在三年中降低幅度较大，2018年的占比为27.40%，2019年降低至17.82%，2020年略微提升至18.82%（图3-43）。

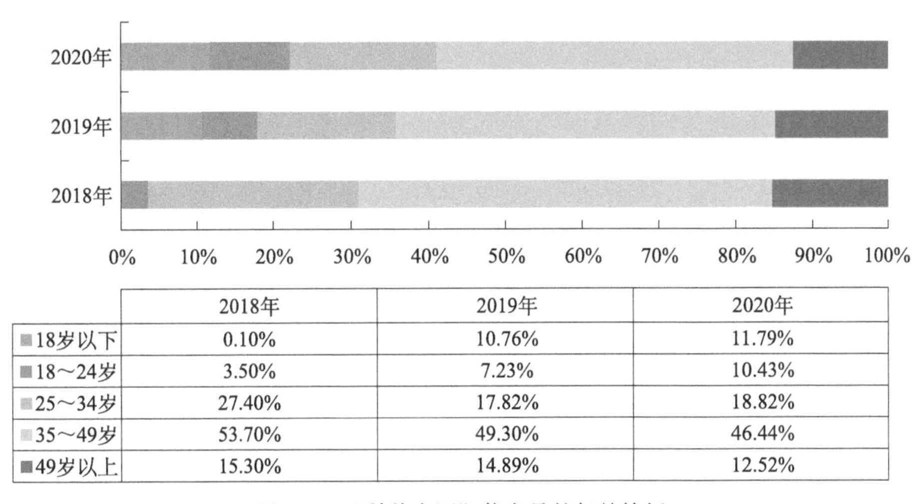

	2018年	2019年	2020年
18岁以下	0.10%	10.76%	11.79%
18～24岁	3.50%	7.23%	10.43%
25～34岁	27.40%	17.82%	18.82%
35～49岁	53.70%	49.30%	46.44%
49岁以上	15.30%	14.89%	12.52%

图3-43 “科普中国”信息员的年龄特征

“科普中国”信息员的文化程度结构在2018年至2020年变化较小，本科及以上文化程度的信息员占比略微减少，从2018年的41.99%降低到2019年的40.97%，再降到2020年的39.96%。信息员整体的文化程度结构维持在本科及以上占40%左右、大专及以下占60%左右（图3-44）。

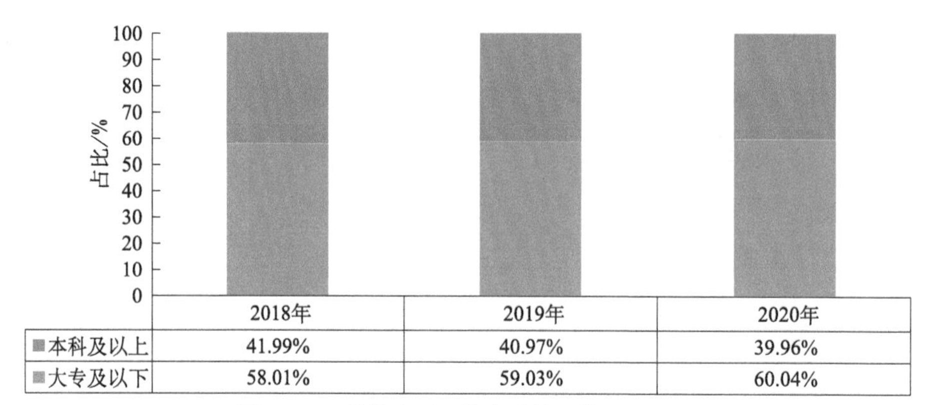

	2018年	2019年	2020年
本科及以上	41.99%	40.97%	39.96%
大专及以下	58.01%	59.03%	60.04%

图3-44 “科普中国”信息员的文化程度特征

（二）“科普中国”信息员活性分析

“科普中国”信息员的活性是指在注册后仍旧保持登陆且使用“科普中国”APP的比例，即月活人数/信息员总量。由图3-45可知，“科普中国”信息员整体的活性较低，月活人数基本维持在注册人数的15%以下。2020年1月达到了最低值，最低时月活人数不足2%。整体活性随年份周期变动，每年的年初与年终都是活性较低的时段，一般维持在5%左右。每年的中间6个月则是活性较高的时段，通常会维持在10%左右。2021年开始，“科普中国”信息员的活性有所下降，原因可能是注册量的大幅上升。

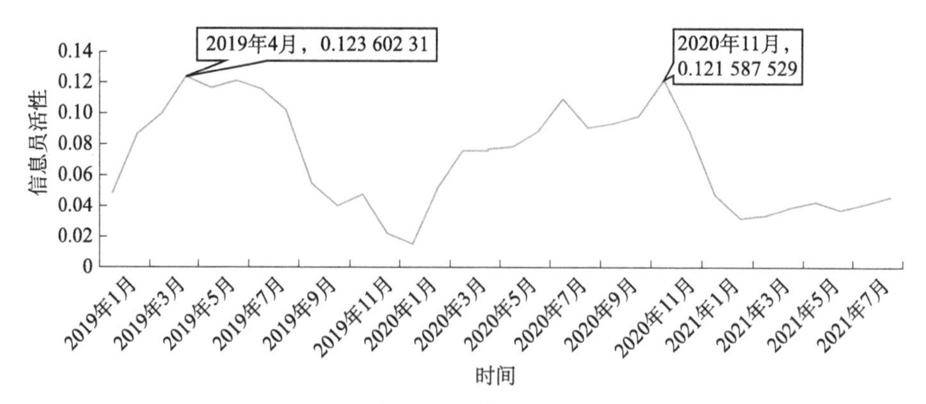

图3-45 “科普中国”信息员的活性变化

（三）“科普中国”信息员传播能力分析

“科普中国”信息员的传播能力是指注册后每月进行传播行为与信息员总量的比例，即传播量 / 信息员总量。

由图 3-46 可知，用户的月传播量在 10 以下，也就是说，平均每一个“科普中国”信息员当月的传播次数一般在 10 次以下。2017 年 8 月与 2020 年 11 月是人均传播量的两个峰值，分别是 10 次 /（人・月）与 12 次 /（人・月）。

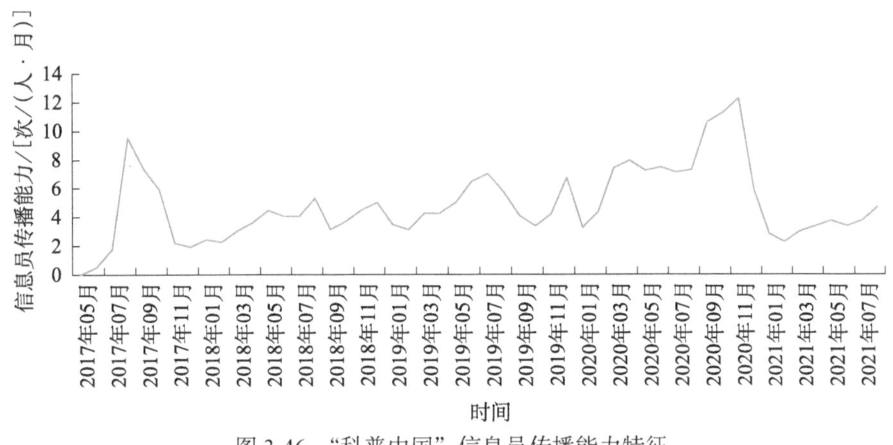

图 3-46 “科普中国”信息员传播能力特征

第四章

“科普中国”公众满意度测评报告

“科普中国”公众满意度测评旨在调查和了解科普需求侧的公众评价意见，据此检视和调整科普供给侧的资源投放重心，以持续提升“科普中国”的品牌价值和服务质量。本报告相比往年增添了人群画像分析与满意度变化分析，并将研究时段增加到了 2017 ～ 2020 年共四年的时间，由此能够更加清晰地观测到“科普中国”公众满意度的变化特征。

第一节 “科普中国”公众满意度测评2020

2020年公众满意度测评延续了2019年的测评指标和方案，根据收回的问卷数据对“科普中国”的公众总体满意度及分项满意度进行分析和评估。

一、公众满意度测评指标

根据“科普中国”的内容组织结构和互联网传播特点，“科普中国”公众满意度测评定位于面向广大用户群体的科普公共品及相关服务的满意度测评，测评采用网络问卷方式。完整的公众满意度测评体系参见表4-1。

表4-1 “科普中国”公众满意度测评指标

模块		指标	权重/%	说明
满意度测评指标	内容（58%）	科学性	18	对科普内容的科学性的满意度
		趣味性	11	对科普内容的趣味性的满意度
		丰富性	11	对科普内容的丰富性的满意度
		有用性	12	对科普内容的有用性的满意度
		时效性	6	对科普内容的时效性的满意度
	媒介（42%）	便捷性	8	对访问科普内容的便捷程度的满意度
		可读性	10	对科普图文/视频设计制作水平的满意度
		易用性	12	对界面交互的易用性的满意度
		准确性	12	对搜索、分类、推送准确性的满意度
满意度关联指标	效果	关注	20	增强对于科学的关注
		乐趣	20	提升参与科学的乐趣
		兴趣	20	提升参与科学的兴趣
		理解	20	加深对于科学的理解
		观点	20	形成对于科学的观点
	信任	认知信任	50	在认知中表现出信任
		情感信任	50	在社交型传播中表现出信任

测评体系包括内容、媒介、效果和信任四类满意度指标，从内容服务、信息媒介、品牌形象、科普效果四个方面反映公众对科普公共品及相关服务的满意度评价。其中，内容和媒介为满意度测评指标，用以加权计算满意度评分；效果和信任为满意度关联指标，从侧面反映影响满意度评分的潜在因素。

二、公众满意度测评结果

2020 年“科普中国”公众满意度测评结果表明，公众对“科普中国”提供的科普公共品及相关服务总体结果为“非常满意”；公众对“科普中国”内容的满意度高于对媒介的满意度；在效果方面，公众在“获取信息”“体会乐趣”方面的获得感高于“产生兴趣”“加深理解”“形成观点”；在信任方面，公众自己对“科普中国”的信任（认知信任）高于他们把“科普中国”的内容分享给家人的信任行为意愿（情感信任）。

不同的公众群体对“科普中国”的满意度有所差异。按性别来看，女性公众的满意度更高；按年龄段来看，26～50 岁公众的满意度更高；接受教育程度来看，本科以上学历公众的满意度更高；按职业来看，行政 / 管理类职业公众的满意度更高。

（一）总体满意度评分为“非常满意”

2020 年“科普中国”公众满意度评分如下：根据内容和媒介两项评分加权得到的满意度测评分是 89.42 分，由受访者直接给出的总体满意度评分是 90.30 分。按照满意度评分的五档分级，加权满意度为 70～90 分，即“满意”；总体满意度为 90～100 分，即“非常满意”（图 4-1）。

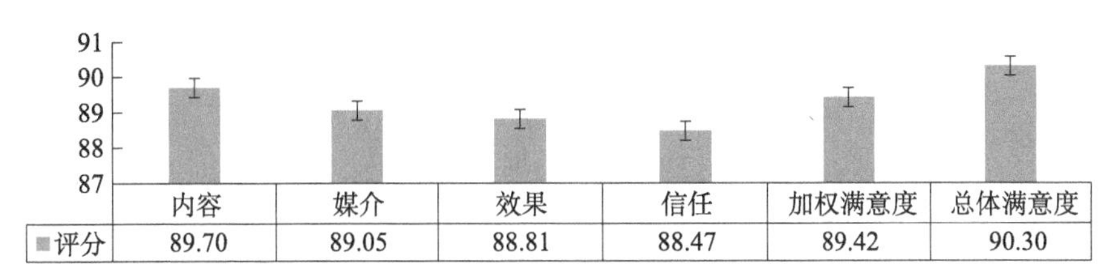

图 4-1 2020 年“科普中国”公众满意度评分

（二）满意度分项评分中“丰富性”的评分最高

从分项评分来看，公众对“科普中国”内容的满意度高于对媒介的满意度；具体到内容层面，公众对内容“科学性”与“丰富性”的满意度更高；具体到媒介层面，公众对界面交互“易用性”的满意度更高；具体到效果层面，公众在“增强对于科学的关注”方面的满意度更高；具体到信任层面，公众对“科普中国”的信任（自己相信）高于在传播方面的信任行为意愿（愿意推荐）（图4-2）。

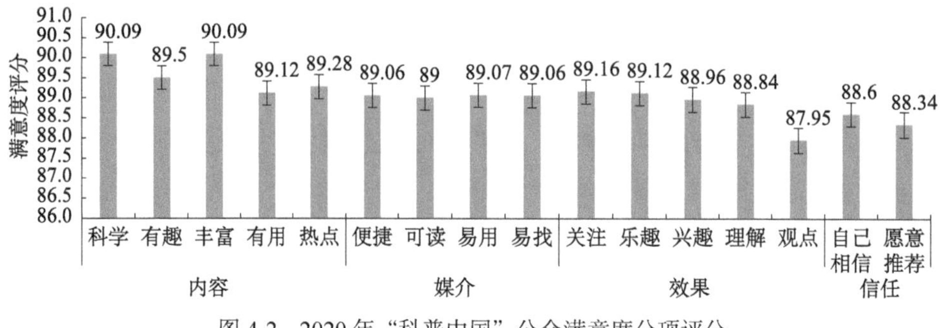

图4-2　2020年“科普中国”公众满意度分项评分

（三）分群体满意度评分

针对不同性别、年龄、受教育程度和职业的受访者的问卷统计结果显示，全部群体的满意度均达到了“满意”及以上标准。女性群体的满意度略高于男性群体，26～35岁群体的满意度更高，本科学历群体的满意度更高，行政/管理职业群体的满意度更高。50岁以上群体、高中以下群体和专业技术群体的满意度相对较低（图4-3）。

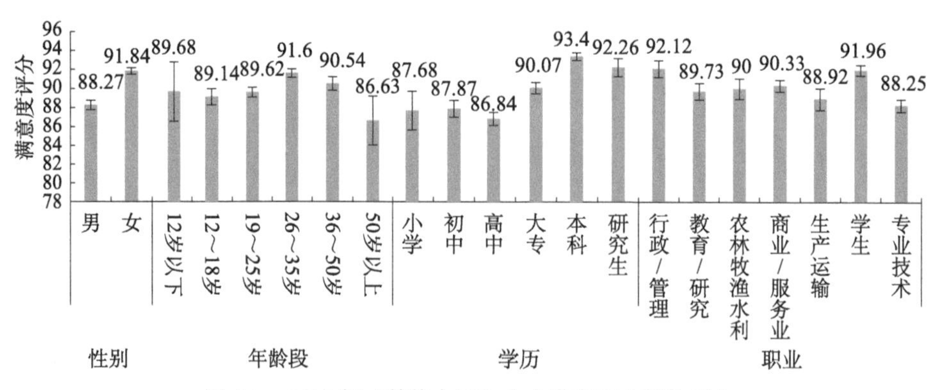

图4-3　2020年“科普中国”公众满意度分群体评分

1. 按性别评分，女性群体满意度较高

女性群体对“科普中国”的总体满意度评分为91.84，男性群体的总体满意度评分为88.27，女性群体的总体满意度评分高于男性群体（图4-4、表4-2）。

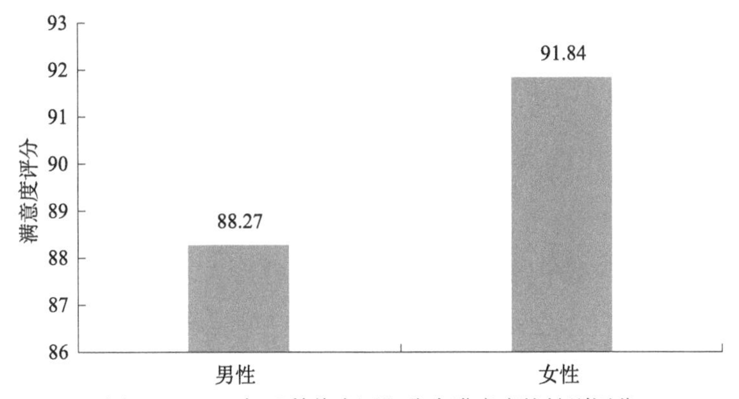

图4-4 2020年“科普中国”公众满意度按性别评分

表4-2 2020年“科普中国”公众满意度按性别评分（90%CI）

性别	总体满意度	加权满意度	内容	媒介	效果	信任
男	88.27 ± 0.48	87.67 ± 0.44	87.96 ± 0.44	87.27 ± 0.46	87.22 ± 0.46	86.77 ± 0.49
女	91.84 ± 0.34	90.75 ± 0.31	91.01 ± 0.31	90.39 ± 0.33	90.00 ± 0.33	89.76 ± 0.35

2. 按年龄评分，26～50岁群体非常满意

26～35岁群体对“科普中国”的总体满意度评分为91.60，高于其他年龄段群体；36～50岁群体的总体满意度评分为90.54；50岁以上群体的总体满意度评分为86.63；19～25岁群体的总体满意度评分为89.62；12～18岁群体的总体满意度评分为89.14；12岁以下群体的总体满意度评分为89.68（图4-5、表4-3）。

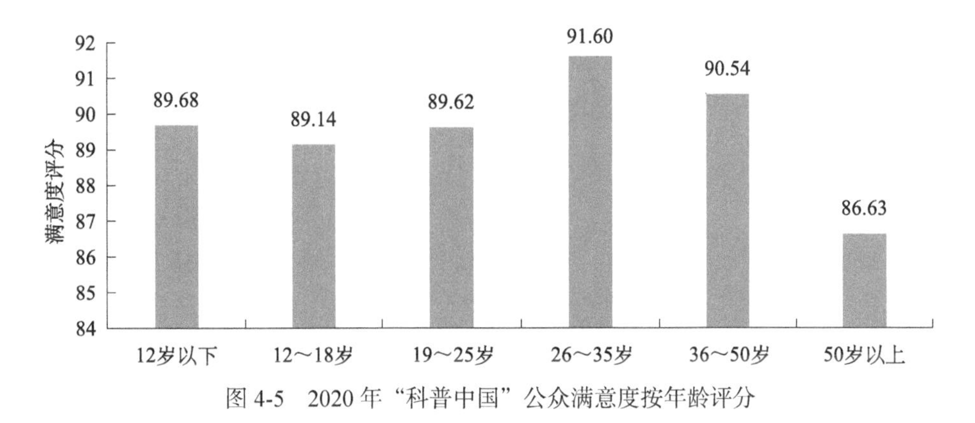

图4-5 2020年“科普中国”公众满意度按年龄评分

表 4-3　2020 年“科普中国”公众满意度按年龄评分（90%CI）

年龄段	总体满意度	加权满意度	内容	媒介	效果	信任
12 岁以下	89.68 ± 3.11	88.69 ± 3.08	88.97 ± 3.08	88.30 ± 3.14	89.06 ± 3.12	86.58 ± 3.31
12～18 岁	89.14 ± 0.86	87.06 ± 0.79	87.48 ± 0.80	86.48 ± 0.84	86.81 ± 0.85	84.76 ± 0.93
19～25 岁	89.62 ± 0.50	88.73 ± 0.45	89.02 ± 0.45	88.32 ± 0.47	87.68 ± 0.48	87.11 ± 0.51
26～35 岁	91.60 ± 0.44	90.91 ± 0.40	91.13 ± 0.41	90.60 ± 0.42	90.42 ± 0.42	90.76 ± 0.44
36～50 岁	90.54 ± 0.71	90.25 ± 0.63	90.49 ± 0.62	89.93 ± 0.65	89.80 ± 0.65	90.26 ± 0.67
50 岁以上	86.63 ± 2.56	86.80 ± 2.15	86.82 ± 2.18	86.78 ± 2.20	86.53 ± 2.09	86.33 ± 2.25

3. 按受教育程度评分，大专及以上群体都非常满意

本科群体对“科普中国”的总体满意度评分为 93.40，高于其他学历群体；研究生群体的总体满意度评分为 92.26；大专群体的总体满意度评分为 90.07；高中群体的总体满意度评分为 86.84；初中群体的总体满意度评分为 87.87；小学群体的总体满意度评分为 87.68（图 4-6、表 4-4）。

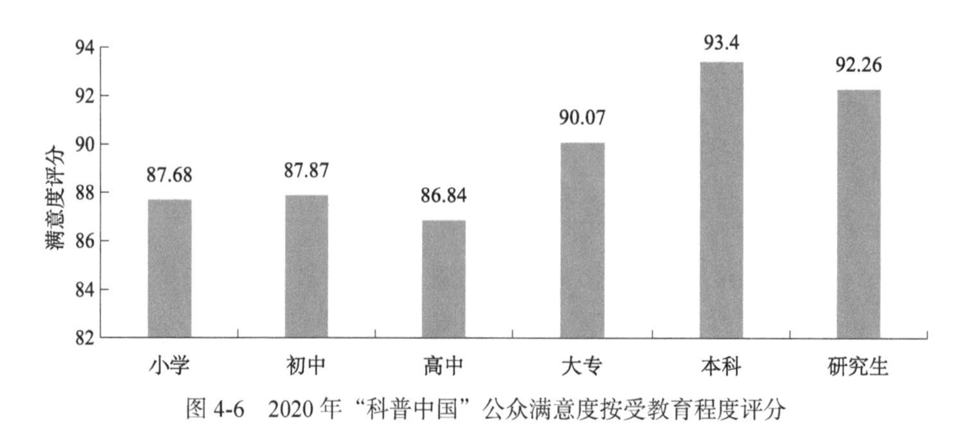

图 4-6　2020 年“科普中国”公众满意度按受教育程度评分

表 4-4　2020 年“科普中国”公众满意度按受教育程度评分（90%CI）

受教育程度	总体满意度	加权满意度	内容	媒介	效果	信任
小学	87.68 ± 2.03	86.85 ± 1.88	87.15 ± 1.88	86.45 ± 1.93	87.13 ± 1.86	85.35 ± 2.02
初中	87.87 ± 0.88	86.96 ± 0.78	87.26 ± 0.79	86.54 ± 0.81	86.93 ± 0.81	86.30 ± 0.87
高中	86.84 ± 0.68	85.85 ± 0.61	86.12 ± 0.62	85.48 ± 0.65	85.23 ± 0.65	84.89 ± 0.69
大专	90.07 ± 0.59	89.87 ± 0.51	90.04 ± 0.52	89.63 ± 0.54	89.37 ± 0.54	89.81 ± 0.57
本科	93.40 ± 0.40	92.15 ± 0.38	92.46 ± 0.38	91.73 ± 0.40	91.23 ± 0.41	90.66 ± 0.44
研究生	92.26 ± 0.95	91.50 ± 0.90	91.81 ± 0.90	91.08 ± 0.93	90.45 ± 0.96	90.38 ± 1.02

4. 按职业评分，行政 / 管理职业群体满意度最高

行政 / 管理职业群体对“科普中国”的总体满意度评分为 92.12，高于其他职业群体；教育 / 研究职业群体的总体满意度评分为 89.73；农林牧渔水利职业群体的总体满意度评分为 90.00；商业 / 服务业职业群体的总体满意度评分为 90.33；生产运输职业群体的总体满意度评分为 88.92；学生群体的总体满意度评分为 91.96；专业技术职业群体的总体满意度评分为 88.25（图 4-7、表 4-5）。

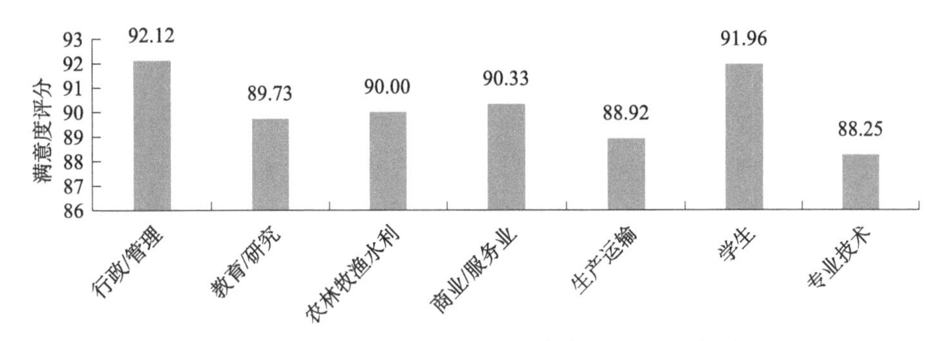

图 4-7 2020 年“科普中国”公众满意度按职业评分

表 4-5 2020 年“科普中国”公众满意度按职业评分（90%CI）

职业	总体满意度	加权满意度	内容	媒介	效果	信任
行政 / 管理	92.12 ± 0.87	91.22 ± 0.78	91.52 ± 0.79	90.81 ± 0.81	90.6 ± 0.81	90.81 ± 0.85
教育 / 研究	89.73 ± 0.85	89.23 ± 0.74	89.28 ± 0.75	89.16 ± 0.76	88.89 ± 0.76	88.85 ± 0.82
农林牧渔水利	90.00 ± 1.07	89.39 ± 0.95	89.61 ± 0.95	89.10 ± 1.01	89.00 ± 0.95	88.81 ± 1.07
商业 / 服务业	90.33 ± 0.61	89.83 ± 0.55	90.09 ± 0.56	89.47 ± 0.58	89.35 ± 0.59	89.64 ± 0.59
生产运输	88.92 ± 1.14	89.03 ± 1.00	89.19 ± 1.02	88.82 ± 1.03	88.39 ± 1.03	89.42 ± 1.07
学生	91.96 ± 0.56	89.61 ± 0.56	90.04 ± 0.56	89.02 ± 0.59	88.79 ± 0.61	86.54 ± 0.68
专业技术	88.25 ± 0.65	88.16 ± 0.57	88.43 ± 0.58	87.78 ± 0.60	87.40 ± 0.60	87.87 ± 0.62

三、公众满意度人群画像

（一）满意度影响因素分析

受访者不同性别、年龄、受教育程度对总体满意度的影响程度可以由皮尔森相关系数来表达，用 r 表示。皮尔森相关系数是一种线性相关系数，用来反

映两个变量的线性相关程度，系数介于 -1 到 1 之间，绝对值越大表明相关性越强。*P* 表示系数的显著性，显著性是指系数是否具有统计学意义，即是否可以用来进行数据分析、支持结论。通常以 $P < 0.05$ 作为显著性的阈值，*P* 值越小代表数据越可信。

针对不同性别、年龄、受教育程度受访者的问卷统计结果显示，三者均对用户满意度有显著的影响。用户的受教育程度对于“科普中国”满意度的影响最大，且受教育程度越高，满意度越高。同样的趋势也反映在年龄上：年龄越大的用户，满意度也随之增高。但年龄对于用户满意度的影响明显小于受教育程度的影响。对于满意度的影响最低的是用户的性别差异，且女性满意度往往会比男性高（表 4-6）。

表 4-6　2020 年“科普中国”影响因素分析

	年龄	教育	总体满意度	科学性	趣味性	丰富度	有用度	热点	便捷性
性别	0.060**	0.056**	0.028**	0.024**	0.034**	0.027**	0.023**	0.031**	0.043**
年龄		0.247**	0.061**	0.039**	0.049*	0.050**	0.049**	0.046**	0.062**
教育			0.079**	0.083**	0.070**	0.077**	0.085**	0.086**	0.084**
	设计水平	易用性	准确性	优质信息	科学乐趣	科学兴趣	更深理解	形成看法	相信
性别	0.034**	0.031**	0.037**	0.009	0.031**	0.016	0.020**	0.028**	0.012
年龄	0.056**	0.038**	0.060**	0.028**	0.042**	0.038**	0.039**	0.064**	0.046**
教育	0.076**	0.077**	0.067**	0.079**	0.069**	0.061**	0.066**	0.070**	0.064**
	推荐	内容	媒介	效果	信任	满意度测评指标	满意度关联指标	加权满意度	
性别	0.045**	0.030**	0.039**	0.023**	0.031**	0.034**	0.028**	0.032**	
年龄	0.088**	0.051**	0.058**	0.046**	0.072**	0.055**	0.061**	0.060**	
教育	0.067**	0.088**	0.081**	0.075**	0.069**	0.088**	0.075**	0.083**	

注：* 显著性 $P<0.05$，** 显著性 $P<0.01$。

1. 性别特征：女性满意度更高，更喜欢分享，更注重信息便捷性

在针对满意度性别差异的分析中，将男性设定值为 1，女性设定值为 2。在数据分析中，若性别与满意度成正相关，则意味着女性相比于男性满意度更高。

数据结果显示，一部分满意度的关注点呈现更加明显的性别特征：女性整体满意度高于男性，且更加注重访问科普内容的便携性。女性相比于男性更愿意将内容分享给其他人。性别为“科普中国”满意度带来的不同，集中体现在

对媒介的满意度上：男性对"科普中国"传播媒介的满意度明显小于女性，这种满意度的差异更细致地体现在"科普中国"内容获取的便捷程度以及获取科普信息的准确性上。

同时，分析也显示出一部分"科普中国"的满意程度与用户性别关系较弱。不同性别的用户对于"科普中国"是否增强了自己对于科学的关注与兴趣并无明显不同。另外，男性与女性对于"科普中国"品牌的信任程度也相对一致（图 4-8）。

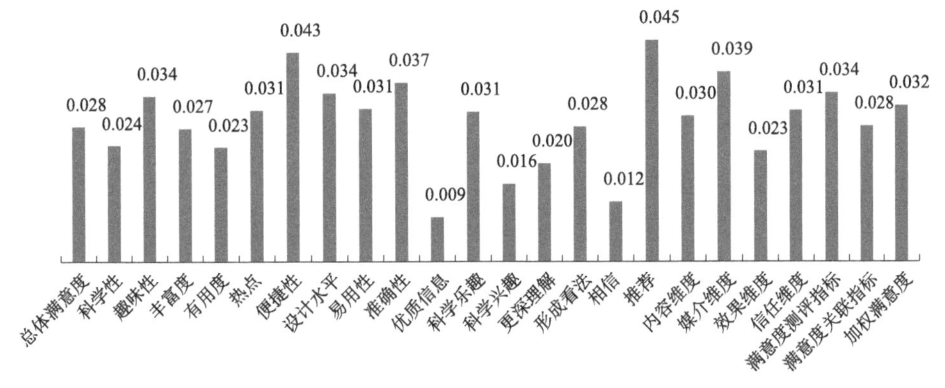

图 4-8 2020 年"科普中国"性别差异对满意度的影响

2. 年龄特征：年长者更加满意，更加信任"科普中国"品牌

从总体上看，年龄差异对于满意度的影响整体大于性别对于满意度的影响。

对不同年龄公众的满意度的分析显示，一部分满意度的关注点会更受用户年龄的影响：年长者的整体满意度高于年轻人，他们更愿意将看到的内容分享出去。同时，年长者十分注重获取科普信息的便捷性。相比年轻人，年长者更加关注他们阅览的内容是否使自己形成了对科学的观点。不同年龄的人对"科普中国"品牌的信任程度有着明显的差异。在问卷的四个维度之中，"信任"这一维度相对于其他维度与年龄的相关性更高一些，这意味着年龄差异对"科普中国"满意度的影响更多地体现在"科普中国"品牌形象的满意度上。也就是说，年长者倾向于更加信任，而年轻人对"科普中国"品牌的信任程度并没有年长者那样高（图 4-9）。

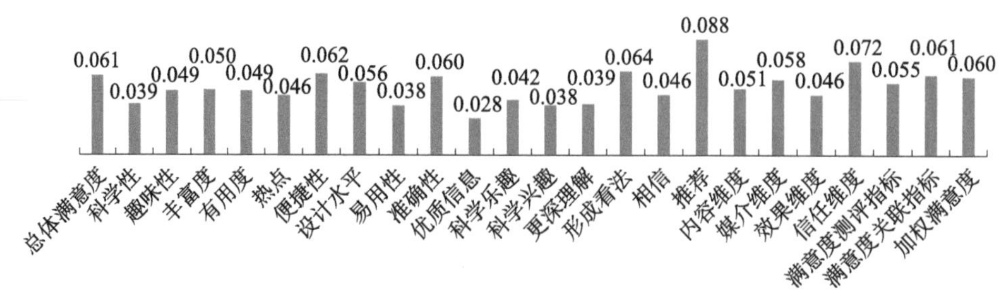

图 4-9　2020 年“科普中国”年龄对满意度的影响

3. 受教育程度特征：高学历者满意度更高，更加重视科普内容

用户对“科普中国”满意度的差异与其受教育水平的不同最相关，高学历的用户对“科普中国”更加满意。受教育程度为用户满意度带来的不同体现在很多细节中：高学历用户在科普内容的科学性、实用性、及时性、浏览科普内容的便捷性上都表示满意，而低学历用户相对高学历用户在这四个方面的满意度较低。同时，用户的学历也明显影响了用户对内容的满意度，高学历用户倾向于满意，而低学历用户对内容的满意度相对较低。总体来说，从总体满意度与加权满意度两个角度来看，受教育程度对于满意度有显著影响且高受教育程度群体的满意度高于受教育程度低群体的满意度（图 4-10）。

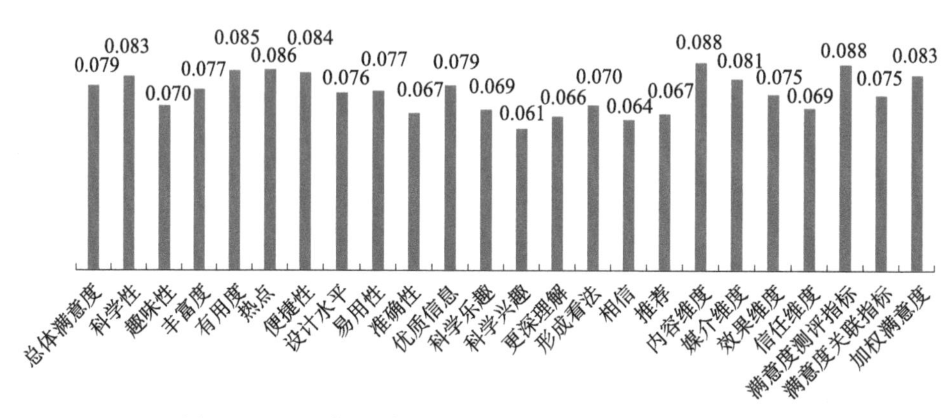

图 4-10　2020 年“科普中国”受教育程度对满意度的影响

（二）满意度时序分析

将总体满意度等进行时序分析也就是随时间变化的分析，可以对以往不同人群在不同时期的满意度动态变化特征进行判断，以及对满意度的趋势、

周期性、峰值有更深入的了解。同时，时序分析还能预测一部分满意度变化趋势。

本文使用了局部加权回归作为处理方式对数据进行了时序分析。普通的线性回归是以线性的方法拟合出数据的趋势，对于有周期性、变化性的数据，并不能简单地以线性的方式拟合，否则模型会偏差较大，局部加权回归能较好地处理这种问题。它可以拟合出一条符合整体趋势的线，进而做出预测。局部加权回归的特征在于将数据按数量等距离分割，分别进行线性回归，再将线性回归结果综合形成一个整体模型。

1. 总体满意度随时间变化较大

对 2020 年 1 月 1 日至 12 月 31 日的所有总体满意度数据进行局部加权回归分析得到如图 4-11 所示模型。从图中可以得知总体满意度在 12 个月中变化幅度较大。满意度在最高 4.6 至最低 4.25 之间变化（满分为 5）。整体分数仍然在满意范围内。

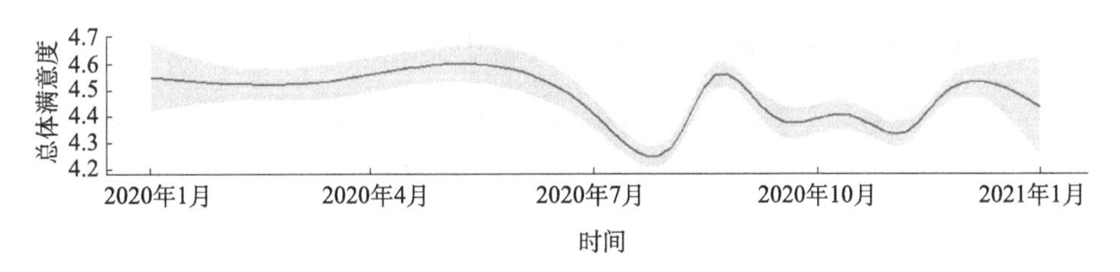

图 4-11 2020 年“科普中国”满意度时序模型

总体满意度评分在 2020 年 7 月前较为稳定，分数在 4.52 至 4.6 之间变化，7 月后满意度分数变化较为剧烈，在 4.25 至 4.55 之间剧烈变化且总体满意度较 7 月前低。

总体满意度最高出现在 2020 年 5 月，为 4.6；满意度最低出现在 2020 年 8 月，为 4.25。最大降幅出现在 2020 年 6 月与 7 月，整体满意度连续下降了 0.35。

2. 不同性别满意度随时间变化区别较大

根据分性别总体满意度数据局部加权回归分析得到如图 4-12 所示模型。从图中可以得知，不同性别的满意度在 12 个月中变化差别较大：女性的满意度最高为 4.65，最低为 4.33；男性的满意度最高为 4.65，最低为 4.21。总体而言，女性的满意度较高，男性的满意度变化性较强。

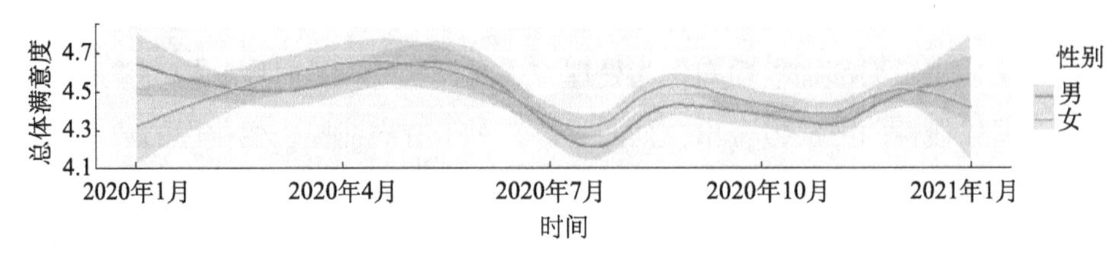

图 4-12　2020 年“科普中国”满意度分性别时序模型

女性满意度极差为 0.32，男性满意度极差为 0.44。结合图 4-12 可以得知，男性的满意度相对于女性的满意度变化较快，意味着男性对于“科普中国”的总体变化更为敏感，在满意度最高值时男性与女性的峰值虽不在同一时间但是数值相同，最低值时男性满意度比女性少 0.12 分。这也从侧面证明男性受访者对于“科普中国”的负面敏感度较高。

3. 青年及老年的满意度在不同时期的变化较大

根据分年龄总体满意度数据局部加权回归分析得到如图 4-13 所示模型，从图中可知不同年龄阶段的满意度在 12 个月中变化的差别较大。

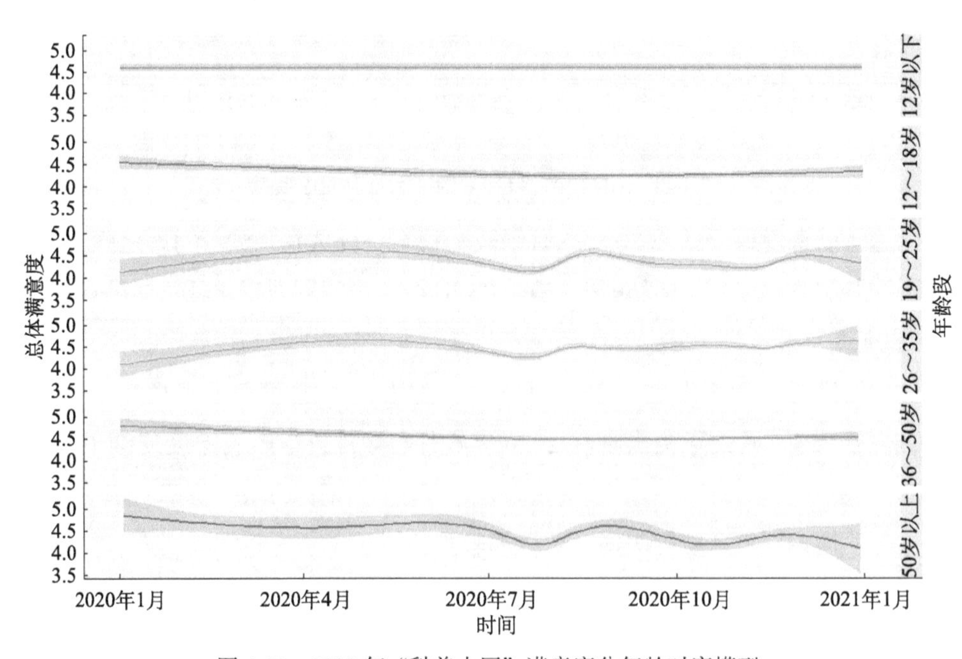

图 4-13　2020 年“科普中国”满意度分年龄时序模型

18 岁以下群体的“科普中国”满意度在 12 个月中变化较小，均维持在 4.5 上下。36～50 岁群体同样有着稳定的满意度，总体而言略高于 4.5。相对于这两个年龄段，另外两个年龄段变化较大：19～25 岁群体、26～35 岁群体在 12 个月的满意度调查中有着相似的变化曲线，满意度均在 4.6 至 4.2 之间变化且幅度较大。满意度变化最大的是 50 岁以上年龄段的受访者，其最高值在 4.8，最低值在 4.1，满意度在 12 个月中呈变化性下降的趋势。

4. 研究生人群满意度随时间变化最大

根据不同受教育程度人群的总体满意度数据局部加权回归分析得到如图 4-14 所示模型，从图中可知不同受教育程度群体的满意度在 12 个月中变化差别较大。

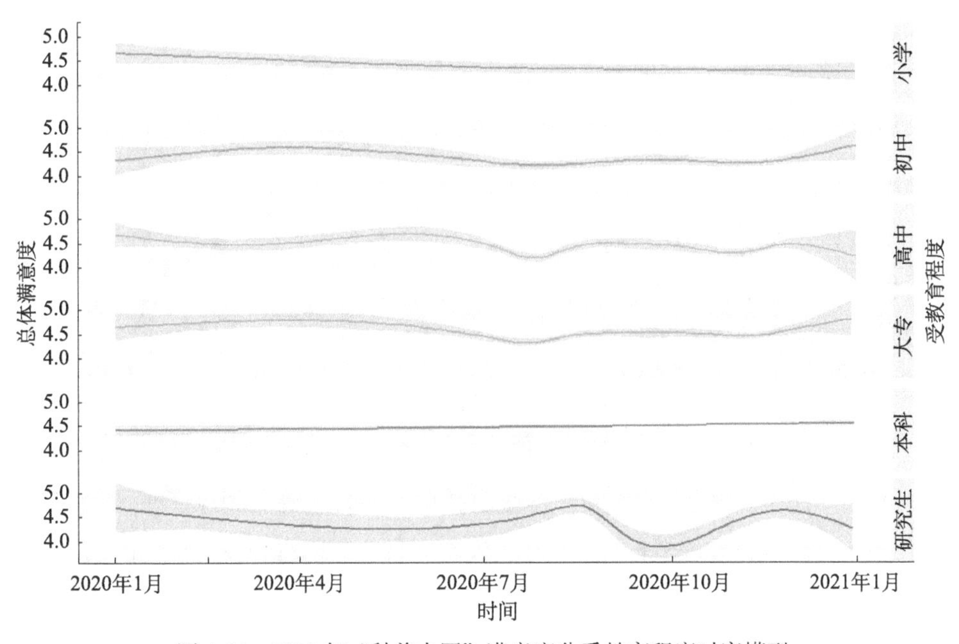

图 4-14　2020 年“科普中国”满意度分受教育程度时序模型

小学教育程度群体与本科教育程度群体的“科普中国”满意度在 12 个月中变化较小，均维持在 4.5 上下。初中、高中、大专群体有着同样较为稳定的满意度，且在 12 个月的满意度调查中有着相似的变化曲线。满意度变化最大的是研究生及以上的受访者，其最高值在 4.75，最低值在 3.8，满意度在 7 月以后的时间中变化出现突变的趋势。

5. 教育 / 研究行业人群的满意度随时间变化最大

根据不同职业总体满意度数据局部加权回归分析得到如图 4-15 所示模型，从图中可知不同职业群体的满意度在 12 个月中变化差别较大。

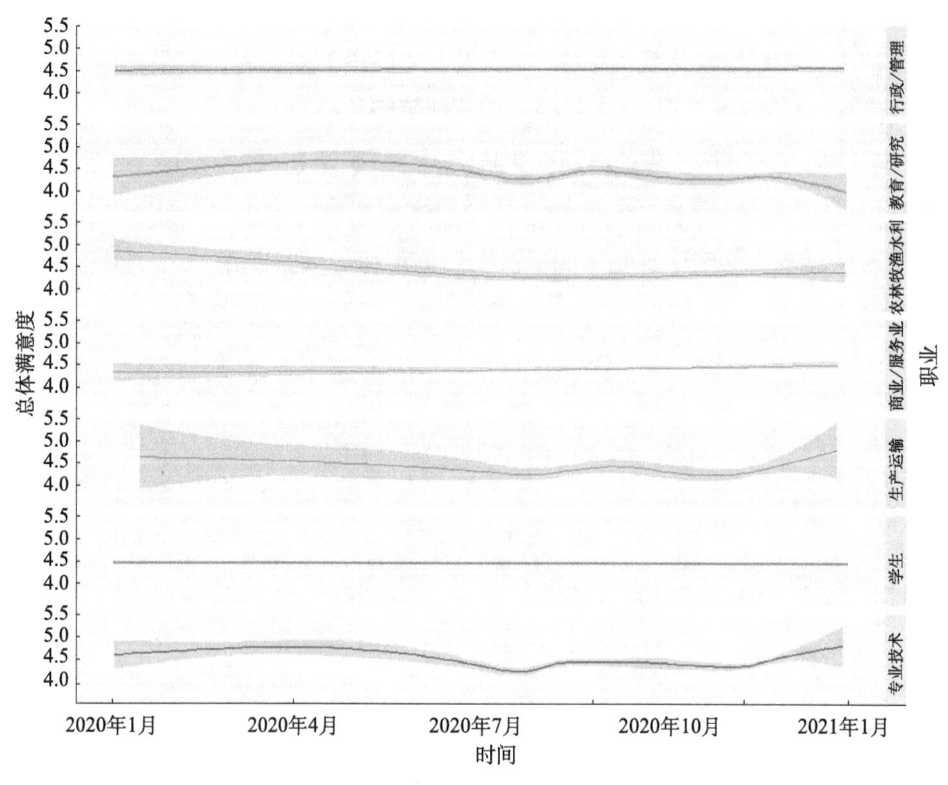

图 4-15　2020 年“科普中国”满意度分职业时序模型

行政 / 管理、商业 / 服务业、学生群体的“科普中国”满意度在 12 个月中变化较小，均维持在 4.5 上下。农林牧渔水利行业人群有着较为稳定的满意度，最高值在 4.8，最低值在 4.5，没有较大变化。满意度变化情况最高的是从事教育 / 研究职业的受访者，最高值在 4.75，最低值在 4.0，满意度在 7 月以后的时间中出现变化增多的趋势。

四、问卷数据说明

2020 年 1～12 月，本次“科普中国”公众满意度问卷测评共收回有效问卷 17 016 份。经过问卷数据筛查，滤掉答题时间过长和过短的问卷，并删除基础问题（问题 1 至问题 4）回答矛盾的问卷，共保留 11 292 份有效问卷，问卷有效比例为 66.36%。问卷筛查条件是：①答题时长介于 30～300 秒；②年龄、学历、职业无明显互斥性。

（一）受访者构成

在 11 292 位有效受访者中，有男性 6045 人，女性 5247 人；按年龄来看，26～35 岁的受访者最多，有 3138 人；按学历来看，高中学历的受访者最多，有 2776 人；按职业来看，专业技术行业的受访者最多，有 2357 人（图 4-16）。

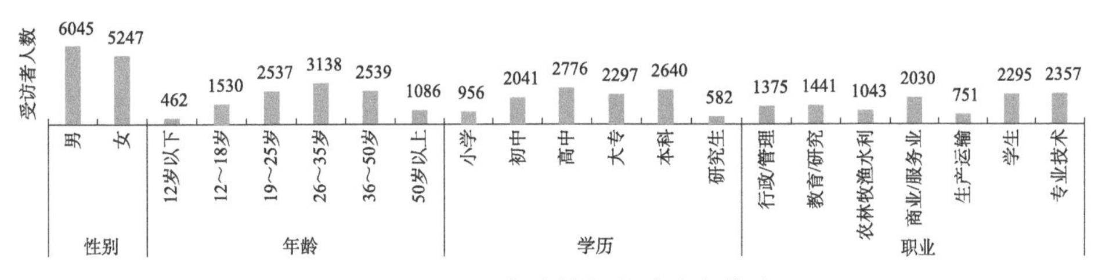

图 4-16 2020 年有效问卷受访者构成

（二）有效问卷评分描述统计（90%CI）

本次有效问卷的评分描述见表 4-7。

表 4-7 2020 年有效问卷评分描述统计（90%CI）

	总体满意度	加权满意度	内容	媒介	效果	信任			
平均值	90.30	89.42	89.70	89.05	88.81	88.47			
标准误差	0.17	0.16	0.16	0.17	0.17	0.18			
标准差	16.58	15.13	15.21	15.84	15.96	16.99			
样本方差	274.94	228.82	231.44	250.88	254.80	288.75			
均值置信区间	0.28	0.26	0.26	0.27	0.27	0.29			
	科学	有趣	丰富	有用	热点	便捷	可读	易用	易找
平均值	90.09	89.50	90.09	89.12	89.28	89.06	89.00	89.07	89.06
标准误差	0.18	0.18	0.17	0.18	0.18	0.18	0.18	0.18	0.18
标准差	16.84	17.09	16.74	17.68	17.31	17.66	17.45	17.68	17.55

续表

	科学	有趣	丰富	有用	热点	便捷	可读	易用	易找
样本方差	283.53	292.16	280.15	312.66	299.8	311.86	304.35	312.74	307.86
均值置信区间	0.29	0.29	0.29	0.30	0.30	0.30	0.30	0.30	0.30
	关注	乐趣	兴趣	理解	观点	自己相信	愿意推荐		
平均值	89.16	89.12	88.96	88.84	87.95	88.6	88.34		
标准误差	0.18	0.18	0.19	0.19	0.19	0.18	0.20		
标准差	17.37	17.57	17.89	17.98	18.37	17.70	18.78		
样本方差	301.78	308.75	320.09	323.21	337.48	313.3	352.67		
均值置信区间	0.30	0.30	0.31	0.31	0.31	0.30	0.32		

（三）分群体总体满意度评分描述统计（90%CI）

本次有效问卷分群体总体满意度评分描述见表 4-8。

表 4-8　2020 年分群体总体满意度评分描述统计（90%CI）

	男性	女性	12 岁以下	12～18 岁	19～25 岁	26～35 岁	36～50 岁	50 岁以上
平均值	88.27	91.84	89.68	89.14	89.62	91.60	90.54	86.63
标准误差	0.29	0.20	1.88	0.52	0.30	0.27	0.43	1.55
标准差	18.49	14.79	23.39	18.75	16.72	14.84	15.91	21.69
样本方差	341.95	218.85	547.30	351.41	279.47	220.08	253.26	470.65
均值置信区间	0.48	0.34	3.11	0.86	0.50	0.44	0.71	2.56
	小学	初中	高中	大专	本科	研究生		
平均值	87.68	87.87	86.84	90.07	93.40	92.26		
标准误差	1.23	0.54	0.41	0.36	0.24	0.58		
标准差	23.28	19.33	17.78	15.34	13.23	16.90		
样本方差	542.05	373.73	316.1	235.37	175.09	285.60		
均值置信区间	2.03	0.88	0.68	0.59	0.40	0.95		
	行政 / 管理	教育 / 研究	农林牧渔水利	商业 / 服务业	生产运输	学生	专业技术	
平均值	92.12	89.73	90.00	90.33	88.92	91.96	88.25	

续表

	行政 / 管理	教育 / 研究	农林牧渔水利	商业 / 服务业	生产运输	学生	专业技术	
标准误差	0.53	0.51	0.65	0.37	0.69	0.34	0.40	
标准差	16.37	17.32	15.98	15.90	15.72	16.24	17.39	
样本方差	267.92	300.01	255.39	252.73	247.01	263.78	302.39	
均值置信区间	0.87	0.85	1.07	0.61	1.14	0.56	0.65	

第二节 “科普中国”公众满意度测评 2017～2020

2017～2020 年共收回问卷 66 812 份，根据收回的问卷数据对“科普中国”的公众总体满意度及分项满意度进行分析和评估，总体测评结果显示满意度在四年期间变化较大。

一、公众满意度测评结果

2017～2020 年“科普中国”公众满意度测评结果表明，公众对“科普中国”提供的科普公共品及相关服务总体上感到满意；公众对“科普中国”内容的满意度高于对媒介的满意度。在效果方面，公众在“获取信息”“体会乐趣”方面的获得感高于“产生兴趣”“加深理解”“形成观点”；在信任方面，公众自己对“科普中国”的信任（认知信任）高于他们把“科普中国”的内容分享给家人的信任行为意愿（情感信任）。

不同的公众群体对“科普中国”的满意度有所差异。分性别来看，女性公众的满意度更高；按年龄段来看，26～35 岁公众的满意度更高；按受教育程度来看，大专及以上公众的满意度更高；按职业来看，行政 / 管理类职业公众的满意度更高。

（一）2017～2020 年总体满意度评分为“满意”

2017～2020 年“科普中国”公众满意度评分如下：根据内容和媒介两项评分加权得到的满意度测评分是 86.38，由受访者直接给出的总体满意度评分是 85.15。按照满意度评分的五档分级，加权满意度为 70～90，即“满意”。总体满意度为 70～90 分，即“满意”。图 4-17 展示了内容、媒介、效果、信任四个维度的满意度以及加权满意度、总体满意度的评分。

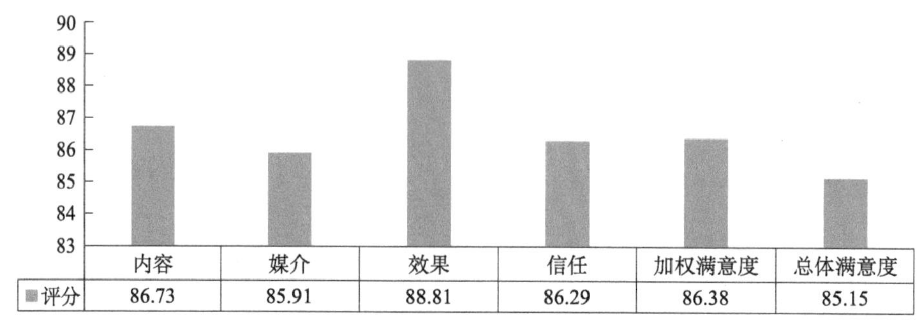

图 4-17　2017～2020 年“科普中国”公众满意度评分

（二）2017～2020 年满意度分项评分“科学性”的评分最高

从分项评分来看，公众对“科普中国”内容的满意度高于对媒介的满意度。具体到内容层面，公众对内容“科学性”与“丰富性”的满意度更高；具体到媒介层面，公众对界面交互“易用性”的满意度更高；具体到效果层面，公众在“增强对于科学的关注”方面的满意度更高；具体到信任层面，公众对“科普中国”的信任（自己相信）高于在传播方面的信任行为意愿（愿意推荐）。2017～2020 年“科普中国”公众满意度分项评分结果见图 4-18 和表 4-9。

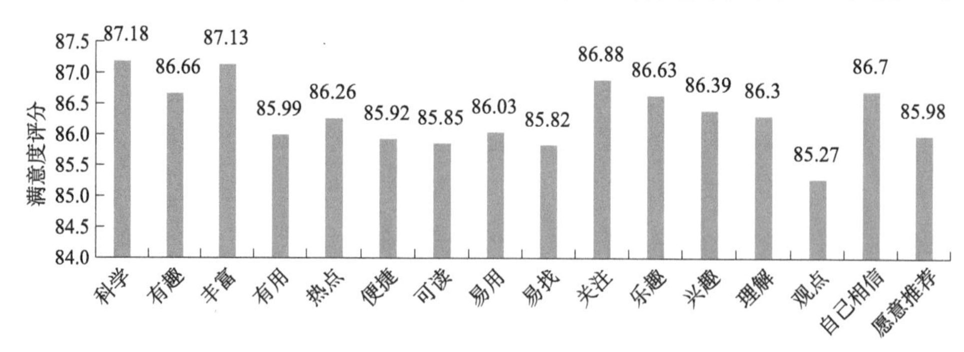

图 4-18　2017～2020 年“科普中国”公众满意度分项评分

表 4-9 2017～2020 年“科普中国”公众满意度分项评分

科学	有趣	丰富	有用	热点	便捷	可读	易用	易找
87.18 ± 0.18	86.66 ± 0.18	87.13 ± 0.17	85.99 ± 0.18	86.26 ± 0.18	85.92 ± 0.17	85.85 ± 0.18	86.03 ± 0.19	85.82 ± 0.18
关注	乐趣	兴趣	理解	观点	自己相信	愿意推荐		
86.88 ± 0.18	86.63 ± 0.19	86.39 ± 0.19	86.30 ± 0.19	85.27 ± 0.19	86.70 ± 0.18	85.98 ± 0.18		

（三）2017～2020 年分群体满意度评分

针对不同性别、年龄、受教育程度和职业的受访者的问卷统计结果显示，全部群体的满意度均达到了“满意”及以上标准。女性群体的满意度略高于男性群体，26～35 岁群体的满意度更高，大专及以上群体的满意度更高，行政 / 管理类职业群体的满意度更高。19 岁以下群体、高中以下群体和生产运输行业群体的满意度相对较低（图 4-19）。

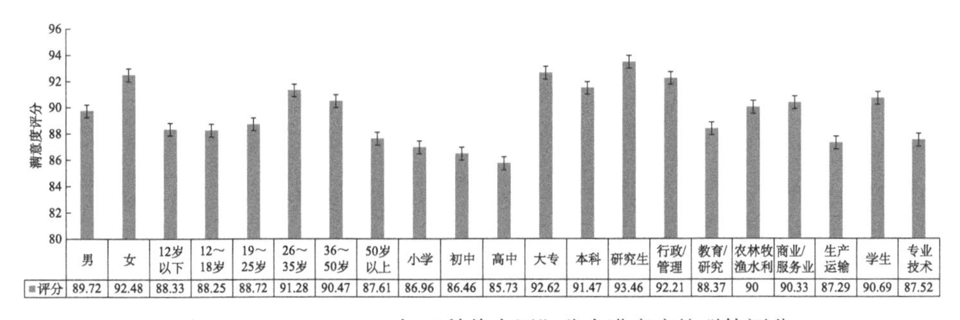

图 4-19 2017～2020 年“科普中国”公众满意度按群体评分

1. 按性别评分，仍然是女性满意度较高

女性群体对“科普中国”的总体满意度评分为 92.48，男性群体的总体满意度评分为 89.72，女性群体的总体满意度评分高于男性群体（图 4-20、表 4-10）。

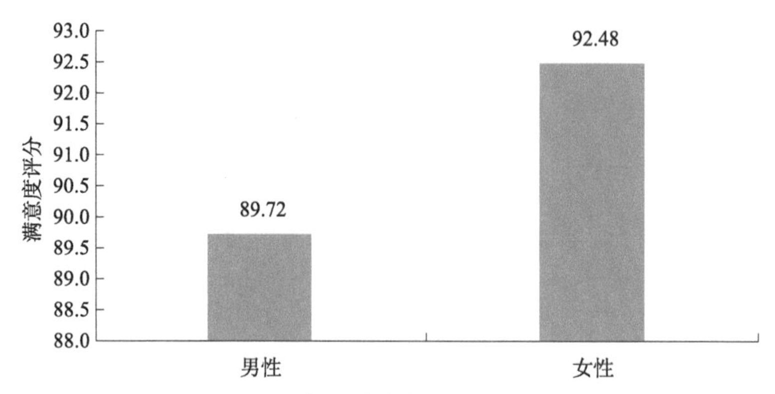

图 4-20　2017～2020 年“科普中国”公众满意度按性别评分

表 4-10　2017～2020 年“科普中国”公众满意度按性别评分（90%CI）

性别	总体满意度	加权满意度	内容	媒介	效果	信任
男	89.72 ± 0.29	90.97 ± 0.19	87.17 ± 0.24	86.47 ± 0.45	87.10 ± 0.35	86.70 ± 0.38
女	92.48 ± 0.34	88.82 ± 0.16	86.46 ± 0.24	90.38 ± 0.30	88.10 ± 0.25	88.31 ± 0.28

2. 按年龄评分，仍然是 26～50 岁人群非常满意

26～35 岁群体对“科普中国”的总体满意度评分为 91.28，高于其他年龄段群体；36～50 岁群体的总体满意度评分为 90.47；50 岁以上群体的总体满意度评分为 87.61；19～25 岁群体的总体满意度评分为 88.72；12～18 岁群体的总体满意度评分为 88.25；12 岁以下群体的总体满意度评分为 88.33（图 4-21、表 4-11）

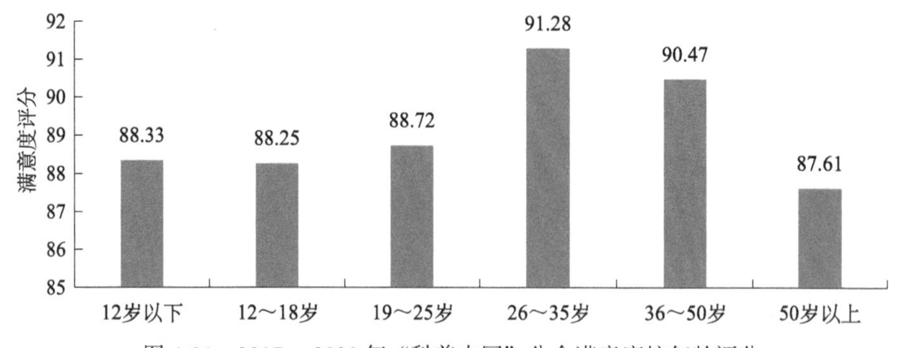

图 4-21　2017～2020 年“科普中国”公众满意度按年龄评分

表 4-11 2017～2020 年“科普中国”公众满意度按年龄评分（90%CI）

年龄段	总体满意度	加权满意度	内容	媒介	效果	信任
12 岁以下	88.33 ± 1.88	87.27 ± 3.05	87.14 ± 2.98	88.53 ± 3.09	88.18 ± 2.98	86.03 ± 3.17
12～18 岁	88.25 ± 0.52	86.09 ± 0.79	88.46 ± 0.70	85.43 ± 0.66	86.04 ± 0.75	83.60 ± 0.84
19～25 岁	88.72 ± 0.30	88.44 ± 0.32	88.08 ± 0.38	88.05 ± 0.47	86.06 ± 0.35	86.95 ± 0.44
26～35 岁	91.28 ± 0.27	86.71 ± 0.33	90.67 ± 0.30	89.33 ± 0.29	90.25 ± 0.37	90.09 ± 0.31
36～50 岁	90.47 ± 0.43	90.13 ± 0.61	88.77 ± 0.57	89.12 ± 0.57	89.20 ± 0.59	88.46 ± 0.59
50 岁以上	87.61 ± 1.55	85.84 ± 2.07	85.79 ± 2.04	84.99 ± 2.14	84.74 ± 1.96	86.09 ± 2.07

3. 按受教育程度评分，仍然是大专以上人群非常满意

研究生学历群体对“科普中国”的总体满意度评分为 93.46，高于其他学历群体；本科学历群体的总体满意度评分为 91.47；大专学历群体的总体满意度评分为 92.62；高中学历群体的总体满意度评分为 85.73；初中学历群体的总体满意度评分为 86.46；小学学历群体的总体满意度评分为 86.96（图 4-22、表 4-12）。

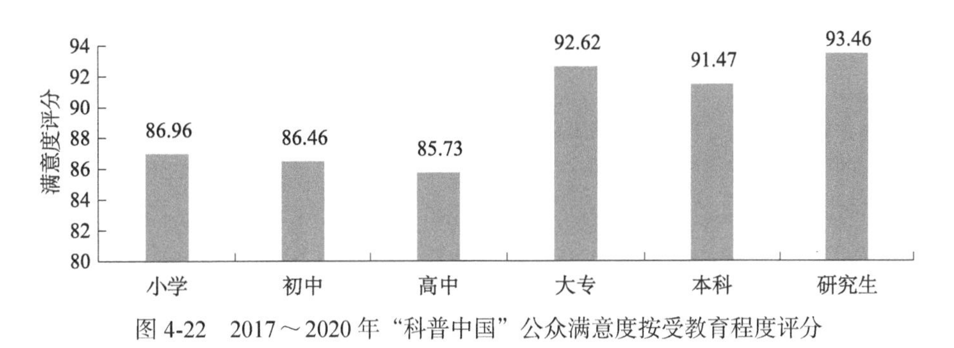

图 4-22 2017～2020 年“科普中国”公众满意度按受教育程度评分

表 4-12 2017～2020 年“科普中国”公众满意度按受教育程度评分（90%CI）

受教育程度	总体满意度	加权满意度	内容	媒介	效果	信任
小学	86.96 ± 1.23	85.49 ± 1.76	85.28 ± 1.72	84.86 ± 1.78	86.19 ± 1.81	84.95 ± 1.87
初中	86.46 ± 0.54	84.97 ± 0.63	86.33 ± 0.75	85.97 ± 0.78	86.36 ± 0.73	84.39 ± 0.73
高中	85.73 ± 0.41	85.57 ± 0.41	84.88 ± 0.54	84.72 ± 0.51	84.03 ± 0.62	83.59 ± 0.56
大专	92.62 ± 0.36	88.97 ± 0.42	89.59 ± 0.41	88.00 ± 0.47	88.93 ± 0.49	89.58 ± 0.51
本科	91.47 ± 0.24	91.75 ± 0.23	92.28 ± 0.23	91.26 ± 0.30	91.21 ± 0.32	88.97 ± 0.38
研究生	93.46 ± 0.58	89.95 ± 0.77	91.47 ± 0.77	89.26 ± 0.88	89.99 ± 0.76	90.32 ± 0.86

4. 按职业评分，仍然是行政 / 管理职业与学生满意度最高

行政 / 管理职业群体对“科普中国”的总体满意度评分为 92.21，高于其他职业群体；教育 / 研究职业群体的总体满意度评分为 88.37；农林牧渔水利职业群体的总体满意度评分为 90.00；商业 / 服务业职业群体的总体满意度评分为 90.33；生产运输职业群体的总体满意度评分为 87.29；学生群体的总体满意度评分为 90.69；专业技术职业群体的总体满意度评分为 87.52（图 4-23、表 4-13）。

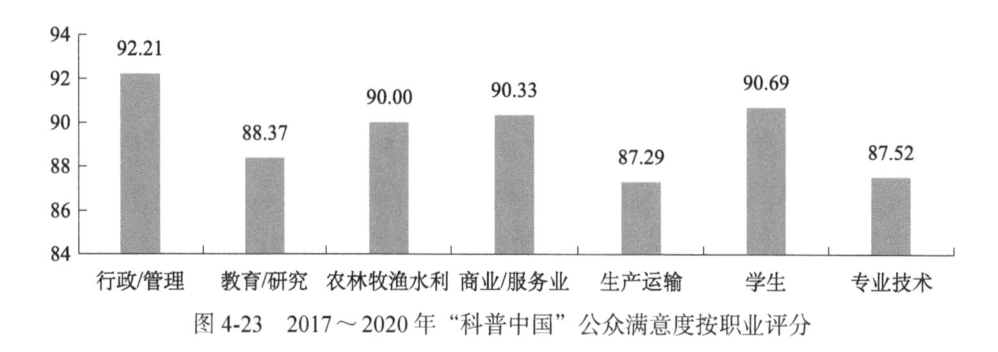

图 4-23　2017～2020 年“科普中国”公众满意度按职业评分

表 4-13　2017 ～ 2020 年“科普中国”公众满意度按职业评分（90%CI）

职业	总体满意度	加权满意度	内容	媒介	效果	信任
行政 / 管理	92.21 ± 0.53	88.59 ± 0.72	91.09 ± 0.65	89.51 ± 0.78	89.28 ± 0.76	90.56 ± 0.80
教育 / 研究	88.37 ± 0.51	86.92 ± 0.74	89.03 ± 0.56	88.10 ± 0.76	88.11 ± 0.59	87.27 ± 0.78
农林牧渔水利	90.00 ± 0.65	87.43 ± 0.86	88.19 ± 0.80	87.72 ± 0.99	87.09 ± 0.91	88.05 ± 1.02
商业 / 服务业	90.33 ± 0.37	87.88 ± 0.46	90.05 ± 0.47	88.00 ± 0.55	88.73 ± 0.47	88.86 ± 0.55
生产运输	87.29 ± 0.69	87.61 ± 0.90	89.15 ± 0.89	87.15 ± 1.00	88.36 ± 0.88	87.84 ± 0.89
学生	90.69 ± 0.34	88.16 ± 0.43	88.89 ± 0.44	88.01 ± 0.44	87.07 ± 0.48	86.17 ± 0.58
专业技术	87.52 ± 0.40	86.84 ± 0.43	87.97 ± 0.47	87.43 ± 0.48	86.20 ± 0.42	86.89 ± 0.43

二、公众满意度时序分析

将长时间的总体满意度等进行时序分析可以对以往不同人群在不同时期的满意度动态变化特征进行判断，以及对满意度的趋势、周期性、峰值有更深入

的了解。同时，时序分析还能预测一部分满意度变化趋势。

（一）总体满意度随时间变化幅度较大

对 2017 年 1 月 1 日至 2020 年 12 月 31 日的所有总体满意度数据进行局部加权回归分析得到如图 4-24 所示模型。从图中可知总体满意度整体变化幅度较大，满意度在 4.68 至 4.25 之间变化（满分为 5）。

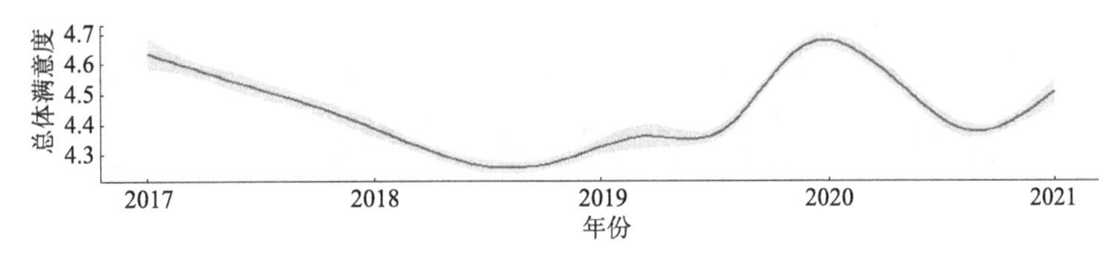

图 4-24 2017～2020 年“科普中国”满意度时序模型

自 2017 年起至 2018 年下半年满意度评分连续下降，由 4.63 降至 4.26，从 2018 年下半年至 2020 年上半年，满意度变化回升至 4.68，后经变化最终回到 4.50。

总体满意度最大值出现在 2020 年，为 4.68；满意度最小值出现在 2018 年 8 月，为 4.25。

（二）女性对于“科普中国”的正向敏感度较高

根据分性别总体满意度数据局部加权回归分析得到如图 4-25 所示模型，从图中可知不同性别的满意度在四年中变化差别较大。女性的满意度最高为 4.72，最低为 4.23。男性的满意度最高为 4.59，最低为 4.21。总体而言，女性的满意度较高，男性的满意度偏低。

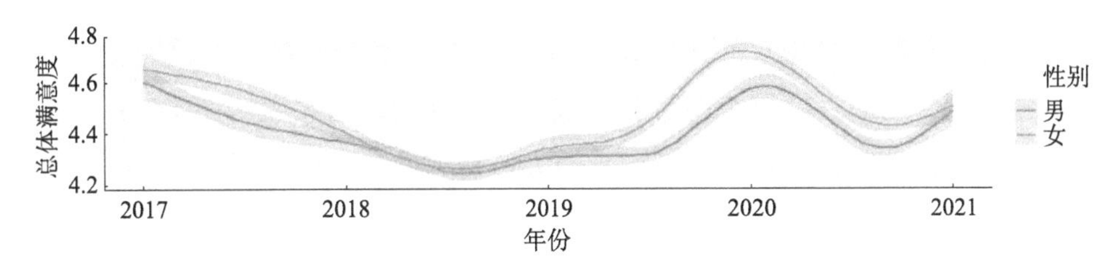

图 4-25 2020 年“科普中国”满意度分性别时序模型

女性满意度极差为 0.49，男性满意度极差为 0.38。结合图 4-25 可知，男性的满意度相对于女性的满意度变化较缓和，意味着四年间女性对于“科普中国”的总体变化更为敏感，在满意度最低值时男性与女性虽不在同一时间但是数值相近，在最高值时男性满意度比女性少 0.13，这从侧面证明女性受访者对于“科普中国”的正向敏感度较高。

（三）12～50 岁人群的满意度随时间变化较大

根据分年龄总体满意度数据局部加权回归分析得到如图 4-26 所示模型，从图中可知不同年龄段的满意度在四年内中变化差别较大。

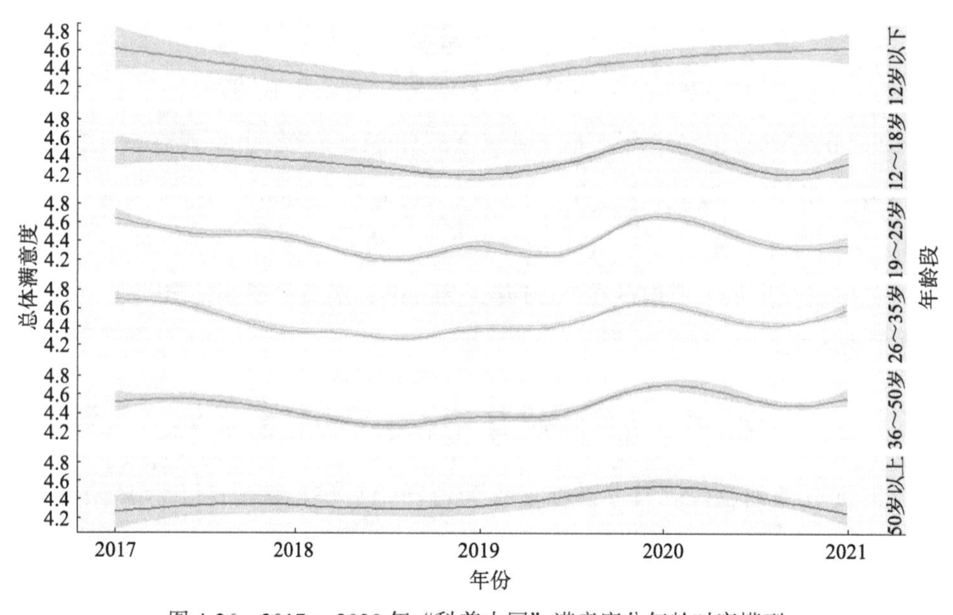

图 4-26　2017～2020 年“科普中国”满意度分年龄时序模型

12 岁以下群体的“科普中国”满意度在四年中变化较小，均维持在 4.5 上下。其余的年龄段则变化较大：12～18 岁、19～25 岁、26～35 岁、36～50 岁群体在四年的满意度调查中有着相似的变化曲线，满意度均在 4.6 至 4.2 之间变化且变化幅度较大。满意度变化最大的是 50 岁以上年龄段的受访者，其最高值在 4.62，最低值在 4.23，满意度在近两年中呈变化性下降的趋势。

（四）研究生人群的满意度随时间变化最大

根据不同受教育程度总体满意度数据局部加权回归分析得到如图 4-27 所示模型，从图中可知不同受教育程度群体的满意度在四年中变化差别较大。

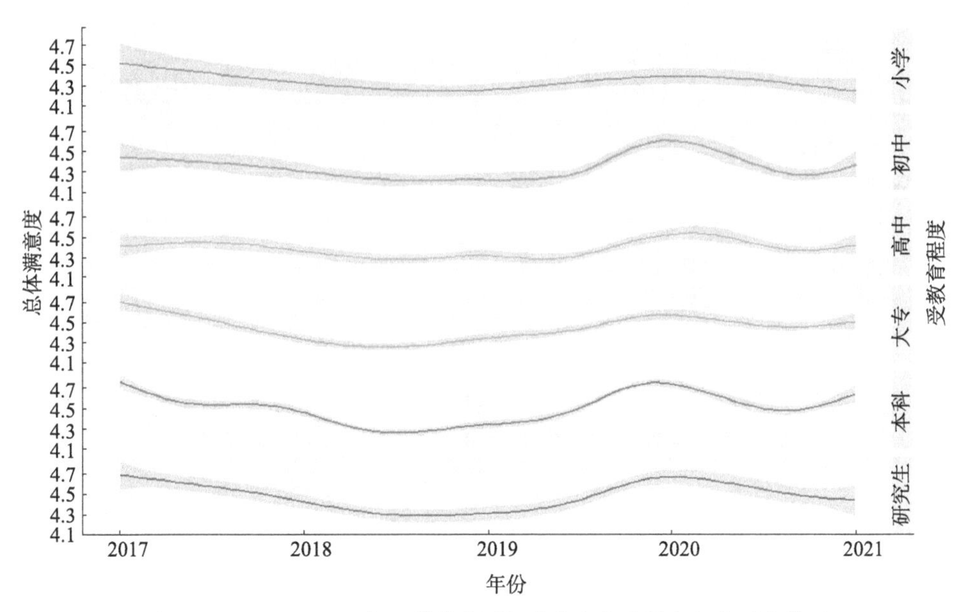

图 4-27 2017～2020 年“科普中国”满意度分受教育程度时序模型

小学教育程度群体的“科普中国”满意度在四年中变化较小，均维持在 4.5 上下。高中、大专群体有着同样较为稳定的满意度，且在四年的满意度调查中有着相似的变化曲线。满意度变化最大的是研究生及以上受教育程度的受访者，其最高值在 4.72，最低值在 4.30。

（五）商业 / 服务业人群的满意度随时间变化最大

2017～2020 年不同职业群体的满意度随时间的变化差异较大。行政 / 管理、教育 / 研究、生产运输行业群体的“科普中国”满意度在四年中变化较小，均维持在 4.5 上下。农林牧渔水利行业群体有着较为稳定的满意度，最高值在 4.8，最低值在 4.5，没有较大变化。满意度变化最大的是商业 / 服务业受访者，其最高值在 4.75，最低值在 4.0，满意度在 2019 年前后出现两次波谷（图 4-28）。

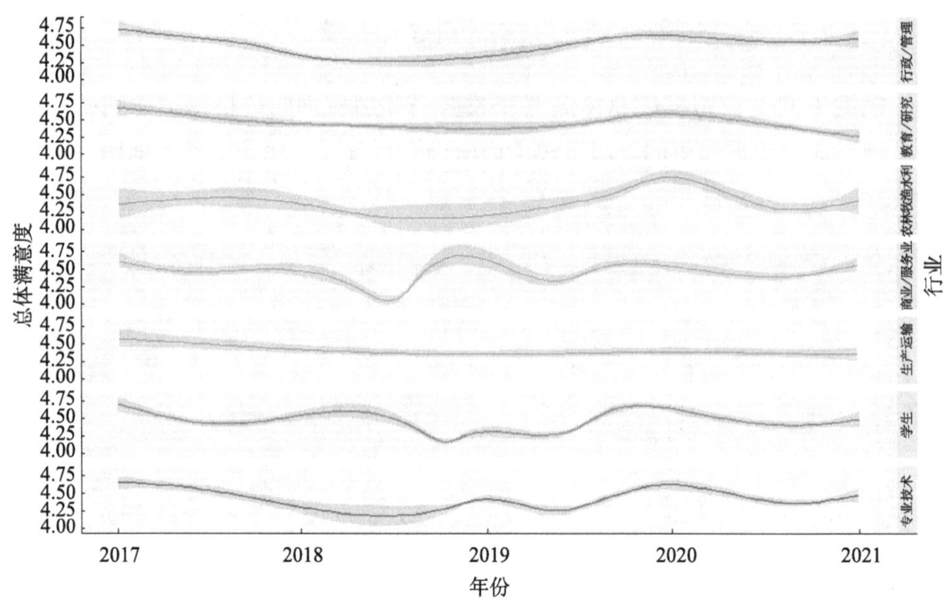

图 4-28　2017～2020 年“科普中国”分职业满意度时序模型

三、问卷数据说明

2017～2020 年，“科普中国”公众满意度问卷测评共收回有效问卷 66 812 份。经过问卷数据筛查，滤掉答题时间过长和过短的问卷，并删除基础问题（问题 1 至问题 4）回答矛盾的问卷，共保留 51 574 份有效问卷，问卷有效比例为 77.19%。问卷筛查条件是：①答题时长介于 30～300 秒；②年龄、受教育程度、职业无明显互斥性。

（一）受访者构成

在 51 574 位有效受访者中，有男性 25 159 人，女性 26 415 人；按年龄来看，26～35 岁的受访者最多，有 17 401 人；按受教育程度来看，本科的受访者最多，有 16 499 人；按职业来看，学生身份的受访者最多，有 11 740 人（图 4-29）。

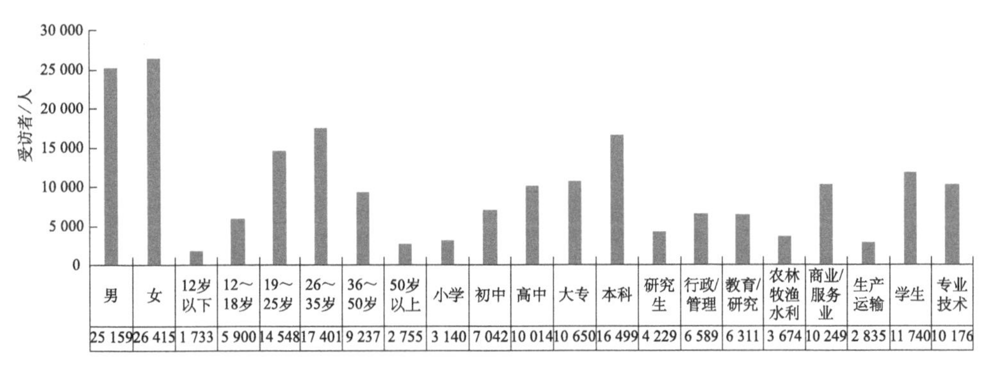

图 4-29 2017～2020 年有效问卷受访者构成

（二）有效问卷评分描述统计（90%CI）

本次有效问卷评分描述见表 4-14。

表 4-14 2017～2020 年有效问卷评分描述统计（90%CI）

	总体满意度	加权满意度	内容	媒介	效果	信任			
平均值	85.15	86.38	86.73	85.91	88.81	86.29			
标准误差	0.16	0.16	0.16	0.17	0.17	0.16			
标准差	18.541 8	16.440 33	16.047 59	17.717 25	16.394 14	17.497 62			
样本方差	343.798 3	270.284 4	257.525 2	313.901	268.767 9	306.166 8			
均值置信区间	0.29	0.29	0.30	0.27	0.30	0.32			
	科学	有趣	丰富	有用	热点	便捷	可读	易用	易找
平均值	87.18	86.66	87.13	85.99	86.26	85.92	85.85	86.03	85.82
标准误差	0.18	0.18	0.17	0.18	0.18	0.17	0.18	0.19	0.18
标准差	16.843 14	15.669 11	15.819 29	16.979 47	15.094 4	15.537 15	16.733 79	17.340 97	18.225 49
样本方差	283.691 5	245.521 1	250.249 8	288.302 4	227.840 8	241.402 9	280.019 8	300.709 1	332.168 4
均值置信区间	0.29	0.29	0.29	0.30	0.30	0.30	0.30	0.32	0.30
	关注	乐趣	兴趣	理解	观点	自己相信	愿意推荐		
平均值	86.88	86.63	86.39	86.3	85.27	86.7	85.98		
标准误差	0.18	0.19	0.19	0.19	0.19	0.18	0.18		
标准差	17.183 86	15.539 39	14.468 6	17.512 05	15.816 93	17.042 3	17.799 03		
样本方差	295.285 2	241.472 6	209.340 5	306.671 8	250.175 4	290.439 9	316.805 5		
均值置信区间	0.30	0.30	0.30	0.30	0.30	0.30	0.30		

（三）分群体总体满意度评分描述统计（90%CI）

本次有效问卷分群体总体满意度评分描述见表 4-15。

表 4-15　2017～2020 年分群体总体满意度评分描述统计（90%CI）

	男	女	12～18 岁	12 岁以下	19～25 岁	26～35 岁	36～50 岁	50 岁以上
平均值	89.72	92.48	88.25	88.33	88.72	91.28	90.47	87.61
标准误差	0.29	0.20	0.52	1.88	0.3	0.27	0.43	1.55
标准差	18.849 97	15.453 3	19.208 18	23.903 07	16.927 26	15.579 46	16.288 31	22.474 32
样本方差	355.321 5	238.804 6	368.954 1	571.356 9	286.532	242.719 7	265.309	505.095
均值置信区间	0.59	0.68	2.03	0.40	0.59	0.68	2.03	0.95
	本科	初中	大专	高中	小学	研究生		
平均值	91.47	86.46	92.62	85.73	86.96	93.46		
标准误差	0.24	0.54	0.36	0.41	1.23	0.58		
标准差	19.779 66	16.398 6	20.158 84	24.764 88	17.315 83	15.767 46		
样本方差	391.235 1	268.914	406.378 6	613.299 5	299.838	248.612 9		
均值置信区间	0.61	1.14	0.56	0.59	0.68	2.03		
	行政 / 管理	教育 / 研究	农林牧渔水利	商业 / 服务业	生产运输	学生	专业技术	
平均值	92.21	88.37	90.00	90.33	87.29	90.69	87.52	
标准误差	0.53	0.51	0.65	0.37	0.69	0.34	0.40	
标准差	17.024 81	22.541 29	19.026 27	15.983 53	20.015 67	24.437 06	17.636 75	
样本方差	289.844 2	508.109 6	361.998 8	255.473 3	400.626 9	597.17	311.055	
均值置信区间	2.03	0.40	2.03	0.40	0.59	2.03	0.95	

附录一

互联网科普舆情月报

科普网络舆情1月月报

一、科普舆情数据

人民网舆情数据中心监测显示，2020 年 1 月 1～31 日，涉及科普的网络新闻为 118 633 篇、报刊 5392 篇、论坛博客 15 768 篇、微信 119 982 篇、微博 19 843 条、APP 新闻 22 299 篇。本月科普舆情数据量较 2019 年 12 月有所增加，总数据量环比增加 5.19%。

本月全网科普信息传播中，微信和网络新闻是主要传播渠道，分别占比 40% 和 39%。此外，APP 新闻、微博、论坛博客和报刊平台的传播量稍低于其他平台，分别占比 7%、7%、5% 和 2%。微信和网络新闻平台的舆情量占比环比分别增加 6% 和 3%，APP 新闻、微博、论坛博客和报刊平台的舆情量占比环比分别减少 2%、4%、2% 和 1%。

本月科普舆情总体上呈波动运行态势，每逢周末和法定节假日，科普信息传播量明显下降，这与媒体该时段发稿较少相关。涉及新型冠状病毒的科普文章量显著增加，推动科普舆情在 1 月 28 日达到峰值。

本月科普舆情热度较高的领域分别为前沿科技、应急避险和健康舆情。首先，本月前沿科技类科普舆情热度最高，占比 26%。“金银潭医院武汉病毒所最新研究：柳叶刀上披露 99 例新冠肺炎”相关动态提升了前沿科技领域的舆情热度。此外，应急避险和健康舆情领域一直是舆论关注的焦点。在应急避险领域，“让科普跑赢‘谣言’”“陕西省科学技术协会设立‘新冠肺炎应急科普’研究专项”“安徽省近十万名‘科普中国’信息员投身疫情防控应急科普宣传”相关动态提升本月应急避险领域舆情热度。在健康舆情领域，新型冠状病毒科普获得舆论聚焦，《【科普】小区有人感染新型冠状病毒，怎么办？》《世卫组织针对新型冠状病毒发布新一批“问与答”》等文章转发量较高。

二、“科普中国”舆情数据

人民网舆情数据中心监测显示，监测时段内，涉及“科普中国”的网络新闻为37 239篇、报刊1544篇、论坛博客2557篇、微信38 265篇、微博1749条、APP新闻5326篇。

在本月全网科普信息传播中，微信和网络新闻是主要传播渠道，分别占比44%和43%；APP新闻的传播量也较为突出，占比6%；此外，论坛博客、微博和报刊的传播量稍低于其他平台，分别占比3%、2%和2%。比较发现，本月微信平台的数据量占比环比增加5%，网络新闻、APP新闻、论坛博客和微博平台的信息量占比环比分别减少1%、2%、1%和1%。

本月“科普中国”舆情总体上呈波动运行态势，每逢周末和法定节假日，科普信息传播量下降。舆情峰值出现在1月28日，当日，科普中国网和“科普中国”微信公众号平台中，与新型冠状病毒相关的文章原发和转载量较高，“科普中国”发布的新型冠状病毒相关科普文章引发媒体广泛关注，形成本月“科普中国”舆情传播峰值。

三、科普热点事件

（一）新型冠状病毒科普获舆论关注

新型冠状病毒成为科普热点，相关新闻获得新华社、人民网、科普中国网等媒体报道，相关新闻在1月的分平台传播量如下：网络新闻4689篇、报刊27篇、论坛博客178篇、微信6109篇、微博287条、APP新闻905篇。

（二）“我是科学家”2020年线上作者联欢会举行

1月11日，“我是科学家”在果壳网办公室举办了2020年线上作者联欢会。腾讯网、搜狐网等网站参与报道，相关新闻在分平台的传播量如下：网络新闻5篇、微信3篇、微博1条、APP新闻4篇。

四、科学辟谣热点

本月谣言多与新型冠状病毒相关，微信、网络新闻和APP新闻为主要传播渠道，如“喝酒可以抗病毒”“喝板蓝根和熏醋能预防新型冠状病毒”等。

（一）谣言一：喝酒可以抗病毒

该话题的本月传播情况如下：网络新闻1639篇、报刊8篇、论坛50篇、微信4024篇、微博26条、APP新闻317篇。

谣言：喝酒可以抵抗新型冠状病毒，因此在日常生活中应多喝酒。

真相：近日，中国工程院院士、传染病诊治国家重点实验室主任李兰娟接受媒体采访时曾说，75%的酒精是能够杀灭这个病毒的，建议大家定期消毒。这一说法在互联网上被广泛传播，甚至演变成各种版本的误传和谣言。针对这些疑问和传言，1月23日，李兰娟院士回应称：“我说酒精消毒，可没让你们多喝酒啊！”

真相来源：科普中国网、澎湃新闻网等。

（二）谣言二：喝板蓝根和熏醋能预防新型冠状病毒

该话题的本月传播情况如下：网络新闻2829篇、报刊32篇、论坛132篇、微信6587篇、微博357条、APP新闻692篇。

谣言：喝板蓝根和熏醋能预防新型冠状病毒。

真相：新冠肺炎疫情发生以来，囤板蓝根、熏醋的声音越来越多，甚至一度渲染成为预防病毒的“黄金组合”。北京和平里医院呼吸科主任医师张骅称，板蓝根适用于治疗风热感冒、病毒性感冒等热性疾病的治疗，有一定的抗病毒效果，但是对新型冠状病毒是不可能有效的。醋所含醋酸本身浓度很低，根本达不到消毒的效果。

真相来源：微博“@健康中国”。

科普网络舆情2月月报

一、科普舆情数据

人民网舆情数据中心监测显示，2020 年 2 月 1～29 日，涉及科普的网络新闻为 167 757 篇、报刊 4659 篇、论坛博客 25 256 篇、微信 174 928 篇、微博 23 669 条、APP 新闻 27 970 篇。本月科普舆情数据量较 2020 年 1 月明显增加，总数据量环比增加 40.52%。

本月全网科普信息传播中，微信和网络新闻是主要传播渠道，分别占比 41% 和 39%。此外，APP 新闻、论坛博客、微博和报刊平台的传播量稍低，分别占比 7%、6%、6% 和 1%。微信和论坛博客平台的舆情量占比环比均增加 1%，微博和报刊平台的舆情量占比环比均减少 1%。

本月科普舆情总体上呈波动运行态势，每逢周末和法定节假日，科普信息传播量明显下降，这与媒体该时段发稿较少相关。涉及新型冠状病毒的科普文章量显著增加，推动科普舆情在 2 月 21 日达到峰值。

本月科普舆情热度较高的领域分别为前沿科技、应急避险和健康舆情。本月前沿科技类科普舆情热度最高，占比 27%。“首例新冠肺炎逝者遗体解剖报告公布”“深圳首次揭秘灭活新冠病毒真实形貌”等相关动态提升了前沿科技领域的舆情热度。在应急避险领域，舆论对建立国家应急科普机制的呼声较高，相关动态提升本月应急避险领域的舆情热度。在健康舆情领域，新型冠状病毒和蝗虫灾害相关科普获得舆论聚焦。

二、“科普中国”舆情数据

人民网舆情数据中心监测显示，监测时段内，涉及“科普中国”的网络新闻为 51 186 篇、报刊 883 篇、论坛博客 3807 篇、微信 62 356 篇、微博 1999 条、APP 新闻 7284 篇。

在本月全网科普信息传播中，微信和网络新闻是主要传播渠道，分别占比49%和40%；APP新闻的传播量也较为突出，占比6%；此外，论坛博客、微博和报刊的传播量稍低于其他平台，分别占比3%、1%和1%。比较发现，本月微信平台的数据量占比环比增加5%，网络新闻、微博和报刊平台的信息量占比环比分别减少3%、1%和1%。

本月“科普中国”舆情总体上呈波动运行态势，每逢周末和法定节假日，科普信息传播量下降。舆情峰值出现在2月10日，当日，科普中国网和“科普中国”微信公众号平台中，与新型冠状病毒相关的文章原发和转载量较高，“科普中国”发布的新型冠状病毒相关科普文章引发媒体广泛关注，形成本月“科普中国”舆情传播峰值。

三、科普热点事件

（一）新型冠状病毒肺炎相关科普工作持续有序进行

新型冠状病毒成为科普热点，相关新闻获得新华社、人民网、科普中国网等媒体报道，相关新闻在2月的分平台传播量如下：网络新闻120 393篇、报刊4045篇、论坛博客4570篇、微信98 760篇、微博9294条、APP新闻19 405篇。

（二）蝗灾科普获舆论关注

与蝗灾有关的科普文章本月明显增加，相关新闻在分平台的传播量如下：网络新闻1458篇、论坛63篇、报刊8篇、微信938篇、微博1606条、APP新闻219篇。

四、科学辟谣热点

本月谣言多与新冠肺炎和地球引力相关，如“2月10日地球的引力最小，扫把能够立起来”“武汉病毒研究所毕业生黄燕玲是新冠肺炎‘零号病人’”等。

在传播和辟谣工作中，微信、微博和网络新闻为主要渠道。

（一）谣言一：2月10日地球的引力最小，扫把能够立起来

该话题在本月的传播情况如下：网络新闻1277篇、报刊4篇、论坛63篇、微信1482篇、微博1500条、APP新闻236篇。

谣言：有传言称，美国国家航空航天局说，受地球引力影响，2月10日是一年中唯一能让扫帚立起来的一天。

真相：为回应“立扫帚”传言，美国国家航空航天局2月11日在社交媒体Twitter上发布一条短视频。视频中，行星地质学家萨拉·诺布尔称：“你昨天‘立扫帚’了吗？事实证明，今天也可以立起来。”美国宇航员阿尔文·德鲁称，这只是一种物理学应用。美国国家航空航天局视频的配文称，基础物理学在一年中的每一天都适用，不只是在2月10日。美国卡内基－梅隆大学物理学教授曼弗雷德·保利尼表示，扫帚能够立起来并不是因为地球引力在一年中的特定日子会有所不同，而是与扫帚的类型有关。对于刷毛较重的扫帚，其重心会比较低，因此更容易保持平衡。

真相来源：科普中国网、澎湃新闻网等。

（二）谣言二：武汉病毒研究所毕业生黄燕玲是新冠肺炎“零号病人”

该话题的本月传播情况如下：网络新闻2285篇、报刊21篇、论坛博客150篇、微信1603篇、微博867条、APP新闻596篇。

谣言：2月15日，网传中国科学院武汉病毒研究所毕业生黄燕玲是新冠肺炎“零号病人”，引发广泛关注。

真相：“零号病人”指的是第一个患传染病并开始散播病毒的人。在流行病调查中，零号病人也可叫“初始病例”或“标识病例”，是造成人与人之间传染病大规模暴发的源头。中国科学院武汉病毒研究所2月16日回应称，该网传信息不实。该所毕业生黄燕玲毕业后一直在其他省份工作和生活，未曾回过湖北武汉，未曾被新型冠状病毒感染，身体健康。

真相来源：中国科学院武汉病毒研究所、中国经济网等。

科普网络舆情3月月报

一、科普舆情数据

人民网舆情数据中心监测显示，2020年3月1～31日，涉及科普的网络新闻为166 219篇、报刊5039篇、论坛博客41 420篇、微信154 468篇、微博47 202条、APP新闻65 900篇。本月科普舆情数据量较2020年2月有所增加，总数据量环比增加13.2%。

本月全网科普信息传播中，网络新闻和微信是主要传播渠道，分别占比34%和32%。此外，APP新闻、微博、论坛博客和报刊平台的传播量稍低，分别占比14%、10%、9%和1%。网络新闻和微信平台的舆情量占比环比分别减少5%和9%，APP新闻、微博和论坛博客平台的舆情量占比环比分别增加7%、4%和3%。

本月科普舆情总体上呈波动运行态势，每逢周末和法定节假日，科普信息传播量明显下降，这与媒体该时段发稿较少相关。新型冠状病毒相关科普文章量显著增加，推动科普舆情在3月11日达到峰值。

本月科普舆情热度较高的领域分别为前沿科技、健康舆情和应急避险。本月前沿科技类科普舆情热度最高，占比29%。新冠肺炎最新研究成果及相关动态提升了前沿科技领域的舆情热度。在健康舆情领域，新型冠状病毒和虫害相关科普获得舆论聚焦。在应急避险领域，疫情防控期间，为应对恐慌和流言，国内多位专家呼吁建立国家应急科普机制，相关动态提升了本月应急避险领域的舆情热度。此外，本月生态环境和航空航天领域的科普舆情热度较上月有所提升，舆论对水环境、世界气象日、北斗三号GEO-2卫星等话题的关注度较高，相关动态提升了生态环境和航空航天领域的科普舆情热度。

二、“科普中国”舆情数据

人民网舆情数据中心监测显示，监测时段内，涉及“科普中国”的网络新

闻为44 076篇、报刊1213篇、论坛博客3458篇、微信52 755篇、微博3995条、APP新闻16 975篇。

在本月全网科普信息传播中，微信和网络新闻是主要传播渠道，分别占比43%和36%；APP新闻的传播量也较为突出，占比14%；此外，微博、论坛博客和报刊的传播量稍低于其他平台，分别占比3%、3%和1%。比较发现，本月微信和网络新闻平台的数据量占比环比分别减少6%和4%，APP新闻和微博平台的信息量占比环比分别增加8%和2%。

本月"科普中国"舆情总体上呈波动运行态势，每逢周末和法定节假日，科普信息传播量下降。舆情峰值出现在3月11日，当日，科普中国网和"科普中国"微信公众号平台中，与新型冠状病毒相关的文章原发和转载量较高，"科普中国"发布的新型冠状病毒相关科普文章引发媒体广泛关注，形成本月"科普中国"舆情传播峰值。

三、科普热点事件

（一）舆论呼吁"野味"科普亟待加强

十三届全国人大常委会第十六次会议表决通过了《关于全面禁止非法野生动物交易、革除滥食野生动物陋习、切实保障人民群众生命健康安全的决定》。相关新闻在3月的分平台传播量如下：网络新闻1651篇、报刊74篇、论坛博客72篇、微信1222篇、微博7条、APP新闻710篇。

（二）世界气象日相关活动获舆论关注

3月23日是世界气象日，今年的主题是"气候与水"。相关新闻在分平台的传播量如下：网络新闻1830篇、论坛62篇、报刊127篇、微信708篇、微博167条、APP新闻538篇。

四、科学辟谣热点

本月谣言多与新冠肺炎相关，如"健康码会泄露个人信息""新型冠状病毒会在夏季消失”等。在传播和辟谣工作中，微信和网络新闻为主要传播渠道。

（一）谣言一：健康码会泄露个人信息

该话题在本月的传播情况如下：网络新闻 3238 篇、报刊 72 篇、论坛 142 篇、微信 3114 篇、微博 120 条、APP 新闻 1543 篇。

谣言：健康码走进了很多人的生活。凭借这个健康码，交通出行、出入小区或办公楼的时候也更加便捷，检查人员可以轻松掌握并核对健康信息。但是，近日网上有消息称健康码会泄露个人信息。

真相：国务院联防联控机制召开新闻发布会表示，作为监管部门，在数据分析使用的过程中，政府会依据个人信息保护的有关法律法规，严格落实数据安全和个人信息保护的有关措施，切实加强监管，防范数据的泄露和滥用等违规行为。湖北十堰地区健康码系统维护的技术人员称，健康码绿码页面上设置有加密措施，他人无查看权限。但是也不建议大家将绿码晒在朋友圈，防止知道绿码所有人出生日期的人试出完整身份证号信息。

真相来源：人民网、法制网等。

（二）谣言二：新冠病毒会在夏季消失

该话题的本月传播情况如下：网络新闻4625篇、论坛210篇、报刊106篇、微信 6184 篇、微博 6345 条、APP 新闻 2552 篇。

谣言：网络流传“新冠病毒会在夏天消失”，因为高温能杀死病毒。

真相：世界卫生组织卫生紧急项目执行主任迈克尔·瑞安在日内瓦表示，尚无证据显示新冠病毒会在夏季自行消失，当前各国应全力抗击新冠肺炎疫情。瑞安表示，我们尚不清楚新型冠状病毒在不同气候条件下如何活动和表现。他强调，必须假设新型冠状病毒在夏天仍具有传播能力。为此，各国必须抓紧行动，而不能指望新型冠状病毒会像流感病毒一样在夏天自行消失。

真相来源：参考消息网等。

科普网络舆情4月月报

一、科普舆情数据

人民网舆情数据中心监测显示，2020年4月1～30日，涉及科普的网络新闻为174 483篇、报刊6425篇、论坛博客43 158篇、微信142 702篇、微博26 160条、APP新闻72 940篇。本月科普舆情数据量较2020年3月有所减少，总数据量环比减少2.99%。

本月全网科普信息传播中，网络新闻和微信是主要传播渠道，分别占比37%和31%。此外，APP新闻、论坛博客、微博和报刊平台的传播量稍低，分别占比16%、9%、6%和1%。网络新闻和APP新闻平台的舆情量占比环比分别增加3%和2%，微信和微博平台的舆情量占比环比分别减少1%和4%。

本月科普舆情总体上呈波动运行态势，每逢周末和法定节假日，科普信息传播量明显下降，这与媒体该时段发稿较少相关。新冠肺炎、世界地球日等话题热度较高，推动科普舆情在4月23日达到峰值。

本月科普舆情热度较高的领域分别为前沿科技、应急避险和健康舆情。本月前沿科技类科普舆情热度最高，占比31%。新冠肺炎最新研究成果及相关动态提升了前沿科技领域的舆情热度。在应急避险领域，全国各地开展应急科普宣传，助力复工复产获舆论聚焦。在健康舆情领域，新冠肺炎健康科普引舆论广泛关注。此外，本月前沿科技、生态环境、能源利用和航空航天领域的科普舆情热度较上月有所提升，首个国产13价肺炎疫苗上市、多地扩大新能源汽车消费、我国首个深空天线组阵进入调试阶段等事件的关注度较高，相关动态提升了前沿科技、生态环境、能源利用和航空航天领域的科普舆情热度。

二、“科普中国”舆情数据

人民网舆情数据中心监测显示，监测时段内，涉及“科普中国”的网络新

闻为45 470篇、报刊1574篇、论坛博客3792篇、微信47 765篇、微博2421条、APP新闻20 007篇。

在本月全网科普信息传播中，微信和网络新闻是主要传播渠道，分别占比39%和38%；APP新闻的传播量也较为突出，占比17%；此外，微博、论坛博客和报刊的传播量稍低于其他平台，分别占比3%、22%和1%。比较发现，本月微信和微博平台的数据量占比环比分别减少4%和1%，网络新闻和APP新闻平台的信息量占比环比分别增加2%和3%。

本月“科普中国”舆情总体上呈波动运行态势，每逢周末和法定节假日，科普信息传播量下降。舆情峰值出现在4月22日，当日，科普中国网和“科普中国”微信公众号平台中，新冠肺炎和世界地球日相关科普引发媒体广泛关注，形成本月“科普中国”舆情传播峰值。

三、科普热点事件

（一）中国科协构筑“科创中国”“科普中国”比翼齐飞新格局

4月28日，中国科协举办2020年全国科技工作者日新闻发布会。相关新闻在本月的分平台传播量如下：网络新闻291篇、报刊6篇、论坛6篇、微信222篇、APP新闻10篇。

（二）世界地球日相关活动获舆论关注

4月22日是第51个世界地球日，主题为“珍爱地球 人与自然和谐共生”。相关新闻在分平台的传播量如下：网络新闻4572篇、报刊255篇、论坛116篇、微信2552篇、微博529条、APP新闻1839篇。

四、科学辟谣热点

本月谣言多与新冠肺炎相关，如“柳絮会携带和传播新冠病毒”“5G会传播新冠病毒”等。在传播和辟谣工作中，微信和网络新闻为主要传播渠道。

（一）谣言一：柳絮会携带和传播新冠病毒

该话题的本月传播情况如下：网络新闻 1200 篇、报刊 17 篇、论坛 39 篇、微信 590 篇、微博 47 条、APP 新闻 420 篇。

谣言：在 2021 年新冠肺炎疫情反复的情况下，“柳絮会携带和传播新冠病毒”的流言像柳絮飞扬一般到处传播，刷屏微信朋友圈。

真相：在 4 月 6 日北京市新冠肺炎疫情防控新闻发布会上，相关专家已及时回应：根据现有研究，没有证据证明杨柳絮中存在新型冠状病毒。病毒离开了特定的温度、湿度等条件后难以存活，不会在空中停留过长时间。即便是病毒停留在柳絮上，也不足以达到构成感染的浓度。专家提醒，柳絮确实会引发一些疾病，如过敏性哮喘、过敏性结膜炎等，但只要做好防护措施，就不会产生重大影响。

真相来源：人民网、科普中国网等。

（二）谣言二：5G 会传播新冠病毒

该话题的本月传播情况如下：网络新闻 10 836 篇、论坛 394 篇、报刊 223 篇、微信 10 032 篇、微博 442 条、APP 新闻 5005 篇。

谣言：美国一位名叫托马斯·考恩的医生声称，是 5G 导致了新型冠状病毒的传播。非洲没有新冠病毒，是因为非洲没有 5G，而武汉之所以暴发了新冠肺炎，是因为武汉是全球首个 5G 商用的城市。

真相：这则很荒谬的谣言近期在美国、英国等多个国家迅速传播，还有不少名人转发。随着新冠肺炎疫情的扩散，谣言也有越传越广的趋势，甚至导致英国、荷兰等国家相继出现了 5G 信号塔被人为破坏的事件。关于新型冠状病毒的传播途径，世界卫生组织早就公开表示，病毒是通过微小的飞沫在人与人之间传播，患者打喷嚏、咳嗽或呼气时产生飞沫，且可以在表面存活数小时，这与 5G 通信的电磁波传播并没有任何关系。全球首个 5G 商用的国家是韩国，第一批 5G 服务主要是在首尔、釜山等 7 个城市，并非中国武汉。

真相来源：《北京青年报》、澎湃新闻网等。

科普网络舆情5月月报

一、科普舆情数据

人民网舆情数据中心监测显示，2020 年 5 月 1～31 日，涉及科普的网络新闻为 243 302 篇、报刊 8277 篇、论坛博客 40 792 篇、微信 387 409 篇、微博 44 585 条、APP 新闻 84 038 篇。因全国两会和全国科技工作者日相关活动均在本月开展，本月科普舆情数据量较 2020 年 4 月大幅增加，总数据量环比增加 73.53%。

本月全网科普信息传播中，网络新闻和微信是主要传播渠道，分别占比 48% 和 30%。此外，APP 新闻、微博、论坛博客和报刊平台的传播量稍低，分别占比 10%、6%、5% 和 1%。微信平台的舆情量占比环比增加 17%，网络新闻、APP 新闻和论坛博客平台的舆情量占比环比分别减少 7%、6% 和 4%。

本月科普舆情总体上呈波动运行态势，每逢周末和法定节假日，科普信息传播量明显下降，这与媒体该时段发稿较少相关。5 月 12 日为全国防灾减灾日，防灾减灾科普话题热度较高，推动科普舆情在 5 月 12 日达到峰值。

本月科普舆情热度较高的领域分别为前沿科技、应急避险和健康舆情。本月前沿科技类科普舆情热度最高，占比 29%。新冠肺炎最新研究成果及相关动态提升了前沿科技领域的舆情热度，如“上海学者发现抗新冠全人源纳米抗体”“清华等团队最新发现两种细菌蛋白对新冠等有广谱抗病毒活性”等。在应急避险领域，夏季来临，野炊、户外烧烤引发的火灾风险增加，舆论对防火防灾科普的关注度较高，如《高温“烧烤”模式，注意这些“热”隐患》《这些森林防火安全攻略要知道》等文章获媒体大量转载。在健康舆情领域，新冠肺炎健康科普引舆论持续关注，如《研究显示：每日洗手 6 至 10 次可大幅降低病毒感染风险》《吸烟者若发展为新冠肺炎重症或死亡风险更高》等文章获媒体大量转载。此外，本月生态环境领域的科普舆情热度较上月有所提升，世界环境日相关线上活动引发媒体聚焦，提升了生态环境领域的科普舆情热度。

二、“科普中国”舆情数据

人民网舆情数据中心监测显示，监测时段内，涉及“科普中国”的网络新闻为 59 677 篇、报刊 1807 篇、论坛博客 4070 篇、微信 110 585 篇、微博 2891 条、APP 新闻 21 897 篇。在本月全网科普信息传播中，微信和网络新闻是主要传播渠道，分别占比 55% 和 30%；APP 新闻的传播量也较为突出，占比 11%；此外，论坛博客、微博和报刊的传播量稍低于其他平台，分别占比 2%、1% 和 1%。比较发现，本月微信平台的数据量占比环比增加 16%，网络新闻、APP 新闻、论坛博客和微博平台的信息量占比环比分别减少 8%、6%、1% 和 1%。

本月“科普中国”舆情总体上呈波动运行态势，每逢周末和法定节假日，科普信息传播量下降。舆情峰值出现在 5 月 12 日和 15 日，这两日分别为全国防灾减灾日和全国碘缺乏病防治日，科普中国网和“科普中国”微信公众号平台中，防灾减灾和缺碘科普引发媒体广泛关注，形成本月“科普中国”舆情传播峰值。

三、科普热点事件

（一）全国科技工作者日相关活动获舆论关注

5 月 30 日，第四届全国科技工作者日系列活动启动。相关新闻在本月的分平台传播量如下：网络新闻 35 154 篇、报刊 1956 篇、论坛 1996 篇、微信 56 382 篇、APP 新闻 10 369 篇。

（二）全国两会代表委员讨论科普工作

中国人民政治协商会议第十三届全国委员会第三次会议和中华人民共和国第十三届全国人民代表大会第三次会议分别于 5 月 21 日、22 日召开。相关新闻在分平台的传播量如下：网络新闻 5866 篇、报刊 375 篇、论坛 360 篇、微信 7497 篇、微博 247 条、APP 新闻 1759 篇。

四、科学辟谣热点

本月谣言多因公众对科学知识认识不足引起，如“鸡蛋不宜与豆浆同食”“‘鬼压床’真的存在”等。在传播和辟谣工作中，微信和网络新闻为主要传播渠道。

（一）谣言一：鸡蛋不宜与豆浆同食

该话题的本月传播情况如下：网络新闻144篇、报刊3篇、论坛11篇、微信1611篇、微博10条、APP新闻41篇。

谣言：生豆浆中含有胰蛋白酶抑制剂，会抑制人体蛋白酶的活性，影响蛋白质在人体内的消化和吸收，鸡蛋的蛋清里含有黏性蛋白，可以同豆浆中的胰蛋白酶结合，使蛋白质的分解受到阻碍，从而降低人体对蛋白质的吸收率。

真相：豆浆中的确含有胰蛋白酶抑制剂，也确实对食物中的蛋白质的吸收和利用有抑制作用。但是，这并不代表豆浆就不能和鸡蛋同食，这个说法看似有科学背书，实则自相矛盾。第一，豆浆中的胰蛋白酶抑制剂在受热过程中会逐渐分解，我们喝到的豆浆已经煮熟，是不会和含蛋白质的食物相克的。但需要注意的是，不可以用热豆浆直接冲食生鸡蛋。因为鸡蛋中含有一些致病菌，热豆浆的温度可能不足以杀灭这些致病菌，食用这样的混合食物，可能会出现食物中毒等不良后果。第二，胰蛋白酶抑制剂也并非豆浆独有，包括花生、油菜等很多食物中都普遍存在。第三，豆浆中的胰蛋白酶抑制剂作用效果相对比较弱，而且在将黄豆磨成豆浆的过程中会加入大量水，本身也发挥了稀释作用。第四，豆浆中同样含有大量优质蛋白质，难不成它还能自己克制自己？如若是这样，我们早就把豆浆从食物清单中移除了。

真相来源：科普中国网、北青网等。

（二）谣言二：“鬼压床”真的存在

该话题的本月传播情况如下：网络新闻151篇、论坛22篇、微信720篇、微博15条、APP新闻61篇。

谣言：近些年“鬼压床”的说法逐渐流行起来。不少人一觉醒来后，身体动弹不了，话也不出来，有时还能看到墙壁上有“鬼影”，令自己十分害怕。遇到这种情况，家里的老人就会解释为这是“鬼压床”。

真相：实际上，这是发作性睡病的表现之一。发作性睡病是中枢性睡眠增多疾病的一种，患者常常表现为难以控制的思睡、发作性猝倒、睡瘫、入睡幻觉、夜间睡眠紊乱5个典型特点，其中睡瘫这个特点就是平常所谓的“鬼压床”现象。现代医学研究表明，“鬼压床”的确不存在，只是发作性睡病的症状表现之一。其中，睡瘫多在入睡或起床时出现，一般是人在深睡眠中醒来时全身不能活动或不能讲话，可持续数秒钟至数分钟，这就是老百姓通常所说的“鬼压床”。其实世上没有鬼，都是疾病惹的祸。入睡幻觉指在觉醒和睡眠转换期出现幻觉，本来屋里就一个人，但这个人却能听见别人的说话声，还有的人能看见一些不存在的幻象，一惊一乍之下就容易和鬼神联系在一起。

真相来源：人民网、科普中国网。

科普网络舆情6月月报

一、科普舆情数据

人民网舆情数据中心监测显示，2020 年 6 月 1～30 日，涉及科普的网络新闻为 140 797 篇、报刊 7928 篇、论坛博客 42 076 篇、微信 287 885 篇、微博 32 658 条、APP 新闻 104 381 篇。本月科普舆情数据量较 2020 年 5 月明显减少，总数据量环比减少 23.83%。

本月全网科普信息传播中，微信和网络新闻是主要传播渠道，分别占比 47% 和 23%。此外，APP 新闻、论坛博客、微博和报刊平台的传播量稍低，分别占比 17%、7%、5% 和 1%。微信、网络新闻和微博平台的舆情量占比环比分别减少 1%、7% 和 1%，APP 新闻和论坛博客平台舆情量的占比环比分别增加 7% 和 2%。

本月科普舆情总体上呈波动运行态势，每逢周末和法定节假日，科普信息传播量明显下降，这与媒体该时段发稿较少相关。5 月 30 日为全国科技工作者日，各类庆祝活动获得舆论广泛关注，推动科普舆情在 6 月 1 日达到峰值。

本月科普舆情热度较高的领域分别为前沿科技、应急避险和生态环境。本月前沿科技类科普舆情热度最高，占比 29%。6 月 23 日 9 点 43 分，中国北斗三号系统最后一颗组网卫星发射成功，北斗全球导航系统星座部署完成，相关动态提升了前沿科技领域的舆情热度。应急避险领域也引发舆论广泛关注，6 月以来，四川省、重庆市和贵州省多地降雨天气引发洪涝、泥石流、滑坡等自然灾害，应急避险科普成为舆论关注重点。在生态环境领域，6 月 5 日为世界环境日，全国各地纷纷举办环境日科普活动，进而提升了生态环境领域的科普舆情热度。

二、“科普中国”舆情数据

人民网舆情数据中心监测显示，监测时段内，涉及“科普中国”的网络新闻为41 162篇、报刊1763篇、论坛博客5027篇、微信92 602篇、微博3028条、APP 新闻 25 043 篇。

在本月全网科普信息传播中，微信和网络新闻是主要传播渠道，分别占比 55% 和 24%；APP 新闻的传播量也较为突出，占比 15%；此外，论坛博客、微博和报刊的传播量稍低于其他平台，分别占比 3%、2% 和 1%。比较发现，本月网络新闻平台的数据量占比环比减少 6%，APP 新闻、论坛博客和微博平台的信息量占比环比分别增加 4%、1% 和 1%。

本月“科普中国”舆情总体上呈波动运行态势，每逢周末和法定节假日，科普信息传播量下降。舆情峰值出现在 6 月 1 日，科普中国网和“科普中国”微信公众号平台中，有关全国科技工作者日的报道获得舆论广泛关注和转载，形成本月“科普中国”舆情传播峰值。

三、科普热点事件

（一）全国爱眼日科普活动在各地展开

2020 年 6 月 6 日是第 25 个全国爱眼日，今年的宣传主题是“视觉 2020，关注普遍的眼健康”。相关新闻在本月的分平台传播量如下：网络新闻3554篇、报刊177篇、论坛博客311篇、微信11 457篇、APP新闻2652篇。

（二）防洪防灾科普引舆论关注

6月进入主汛期以来，南方已经经历了多轮强降雨过程。相关新闻在分平台的传播量如下：网络新闻409篇、报刊9篇、论坛82篇、微信1524篇、微博176条、APP新闻280篇。

（三）“我是科学家”第21期“到野外去！”及特别场成功举办

2020年6月13日，由中国科协科普部主办、果壳网承办的“我是科学家”第21期演讲及特别场活动成功举办。相关新闻在分平台的传播量如下：网络新闻15篇、论坛2篇、微信17篇、微博2条、APP新闻6篇。

四、科学辟谣热点

本月谣言多因公众对科学知识认识不足引起，如“天热就喝藿香正气水”“富贵包是因为胖”等。在传播和辟谣工作中，微信和网络新闻为主要传播渠道。

（一）谣言一：天热就喝藿香正气水

该话题的本月传播情况如下：网络新闻187篇、报刊13篇、论坛11篇、微信2537篇、微博5条、APP新闻161篇。

谣言：夏天太热就喝藿香正气水，中暑了喝，防中暑喝，感冒、腹泻了也喝。

真相：藿香正气水是我们在市面上见得非常多的一种药物，说明书上写着可祛暑湿，但是这个暑湿和我们现代医学的中暑不是一个意思。现代医学所说的“中暑”，正式的叫法是热射病，它和中医所说的暑湿完全不是同一种病。从中医角度来说，中暑是因为暑热内侵，治疗应当以清热泻火、养阴解暑为主。而藿香正气水具有辛温解表、散寒除湿的功效，属于温热药，根本就不适合治疗现代医学的“中暑”（热射病）。藿香正气水适用于寒湿侵袭于人体以后出现的头痛晕重、胸膈痞闷、脘腹肿胀、呕吐腹泻等（所谓的中暑）症状。人们没有搞清楚藿香正气水上面所写的“暑”和现代医学的“中暑”之间的关系，就造成了他们对于藿香正气水的一个误解、误服。另外，细菌性腹泻不宜用藿香正气水，对于生吃海鲜等饮食不卫生的问题引起的细菌性腹泻，应当及时就医。

真相来源：科普中国网、澎湃新闻网等。

（二）富贵包是因为胖

该话题的本月传播情况如下：网络新闻126篇、论坛17篇、微信8367篇、微博8条、APP新闻123篇。

谣言：生活中我们经常会看到有的人的后颈部有一个巨大肿块，因其多见于体态丰盈富贵的人，所以老百姓认为其原因是体型肥胖，便称其为“富贵包”。

真相：正常人脊柱存在生理性弯曲，颈椎生理曲度为前凸，胸椎呈后凸，颈胸段交界处刚好是前凸后凸的过渡。但在病理状态下，颈椎下段过度前凸且胸椎上段过度后凸，便形成了该交界处的骨性突起，直接影响到附着的肌肉，相关肌群因此紧张痉挛，局部循环代谢不畅，引起慢性炎症以及脂肪堆积，该过程使原本较小的骨性突起逐渐增大，外形更加突出，富贵包就此成形，范围往往在第六颈椎至第三胸椎之间。因此，这样的后颈部大包中既有颈胸交界段棘突的突出，也有炎性增生组织、堆积的肥厚脂肪等软组织。富贵包的上述病理过程多由于长期低头姿势引起，如长时间低头工作、学习，或者玩手机、电脑游戏，“葛优躺”，枕头过高等，与体重无明确关联。

真相来源：科普中国网。

科普网络舆情7月月报

一、科普舆情数据

人民网舆情数据中心监测显示，2020年7月1～31日，涉及科普的网络新闻为 142 545 篇、报刊 7320 篇、论坛博客 44 125 篇、微信 293 766 篇、微博 93 887 条、APP 新闻 91 829 篇。本月科普舆情数据量较 2020 年 6 月稍有增加，总数据量环比减少 9.38%。

本月全网科普信息传播中，微信和网络新闻是主要传播渠道，分别占比 44% 和 21%。此外，微博、APP 新闻、论坛博客和报刊平台的传播量稍低，分别占比 14%、14%、6% 和 1%。微信、网络新闻、APP 新闻和论坛博客平台的舆情量占比环比分别减少 3%、2%、3% 和 1%，微博平台的舆情量占比环比增加 9%。

本月科普舆情总体上呈波动运行态势，每逢周末和法定节假日，科普信息传播量明显下降，这与媒体该时段发稿较少相关。全国青少年科技创新大赛三等奖一项作品被质疑造假相关新闻引发舆论广泛关注，推动科普舆情在 7 月 15 日达到峰值。

本月科普舆情热度较高的领域分别为前沿科技、应急避险和生态环境。本月前沿科技类科普舆情热度最高，占比 31%。7 月 31 日，中国向全世界郑重宣告，中国自主建设、独立运行的全球卫星导航系统全面建成，开启了高质量服务全球、造福人类的崭新篇章，相关动态提升了前沿科技领域的舆情热度。应急避险领域引发舆论广泛关注，全国多地发生洪涝、泥石流、滑坡等自然灾害，《北大教授揭开中国洪涝灾害的惊人真相》等类似应急避险科普成为舆论关注焦点。在生态环境领域，国家发展和改革委员会、生态环境部等九部门联合印发的《关于扎实推进塑料污染治理工作的通知》提出，自 2022 年 1 月 1 日起，在直辖市、省会城市、计划单列市城市建成区的商场、超市、药店、书店等场所，餐饮打包外卖服务以及各类展会活动中禁止使用不可降解塑料购物袋，提升了生态环境领域的科普舆情热度。

二、“科普中国”舆情数据

人民网舆情数据中心监测显示，监测时段内，涉及“科普中国”的网络新闻为 39 620 篇、报刊 1755 篇、论坛博客 5540 篇、微信 88 926 篇、微博 2588 条、APP 新闻 20 940 篇。

在本月全网科普信息传播中，微信和网络新闻是主要传播渠道，分别占比56%和25%；APP新闻的传播量也较为突出，占比13%；此外，论坛博客、微博和报刊的传播量稍低于其他平台，分别占比3%、2%和1%。比较发现，本月网络新闻和微信的平台数据量占比环比均增加1%，APP新闻平台的信息量占比环比减少2%。

本月“科普中国”舆情总体上呈波动运行态势，每逢周末和法定节假日，科普信息传播量下降。舆情峰值出现在7月21日，科普中国网和“科普中国”微信公众号平台中，有关“暴雨及次生灾害和防护措施”“高温防暑”话题的报道获得舆论广泛关注和转载，形成本月“科普中国”舆情传播峰值。

三、科普热点事件

（一）2020年全国科普日将于9月中下旬开展

7月24日，中国科协通过官网发布8部门联合通知称，2020年全国科普日主题为“决胜全面小康，践行科技为民”，定于9月19～25日在全国各地集中开展。相关新闻在本月的分平台传播量如下：网络新闻122篇、论坛博客10篇、微信51篇、APP新闻23篇。

（二）“科普中国”聚力“火星探测”科普

7月23日，“天问一号”探测器发射升空，发射时间前后48小时内推出图文、漫画、视频作品39部，全社会总传播量达6400万次。中央电视台、新华网、光明网等媒体纷纷参与科普和报道。

（三）科普大篷车启动20年服务公众超两亿人次

2020年是我国科普大篷车项目启动第20年。相关新闻在分平台的传播量如下：网络新闻197篇、报刊30篇、论坛7篇、微信196篇、微博4条、APP新闻83篇。

四、科学辟谣热点

本月谣言多与近期暴雨相关，如“暴雨后自来水会变浑浊两三天”“地球引力场磁场紊乱引发南方暴雨”等。在传播和辟谣工作中，微信和网络新闻为主要传播渠道。

（一）谣言一：暴雨后自来水会变浑浊两三天

该话题的本月传播情况如下：网络新闻 129 篇、报刊 11 篇、论坛 13 篇、微信 285 篇、微博 6 条、APP 新闻 101 篇。

谣言：暴雨后自来水会变浑浊两三天，要提前储备好用水。

真相：暴雨对水质影响不大，更不会影响到在供水管道中封闭运行的自来水。在雨天管网超负荷运行的情况下，雨水和污水的确会一起流到江河中去，但在污水被稀释以及江河流速比较快的情况下，对于水质的影响很快就会消除。此外，自来水是水源地的水经过水处理厂处理净化后才进入居民家中的，自来水厂相应的处理能力和制水工艺可以做到达标出水。因此，暴雨对自来水水质没有太大的影响。

真相来源：人民网、科普中国网等。

（二）谣言二：地球引力场磁场紊乱引发南方暴雨

该话题的本月传播情况如下：网络新闻 729 篇、报刊 9 篇、论坛 108 篇、微信 434 篇、微博 20 条、APP 新闻 432 篇。

谣言：最近遇到了 180 年周期白元年，太阳、地球、木星、土星并到一条线，导致地球引力场、磁场紊乱，会带来地质、气候巨大灾难。

真相：所谓“地球引力场、磁场发生紊乱”缺乏科学依据。首先，太阳、地球、木星处在一条直线上的“木星冲日”现象以及类似的“土星冲日”现象都是正常的天体运行现象，周期都是 1 年多。其次，根据我国在轨的风云气象卫星对太阳总辐射量、太阳活动、地球磁场等的长期观测，目前未发现异常。根据国家空间天气监测预警中心（国家卫星气象中心）发布的预报结果，我们目前处于第 24 太阳活动周向第 25 太阳活动周过渡的阶段，太阳活动水平很低，太阳风的速度也处于较低水平。因此，我们不用担心太阳活动会对地球造成严重影响。

真相来源：科普中国网。

科普网络舆情8月月报

一、科普舆情数据

人民网舆情数据中心监测显示，2020年8月1～31日，涉及科普的网络新闻为152 200篇、报刊8699篇、论坛博客28 164篇、微信263 714篇、微博55 192条、APP新闻94 311篇。本月科普舆情数据量较2020年7月稍有减少，总数据量环比减少10.57%。本月全网科普信息传播中，微信和网络新闻是主要传播渠道，分别占比44%和25%；此外，APP新闻、微博、论坛博客和报刊平台的传播量稍低，分别占比16%、9%、5%和1%。网络新闻、APP新闻平台的舆情量占比环比分别增加4%和2%，微博和论坛博客平台的舆情量占比环比分别减少5%和1%。

本月科普舆情总体上呈波动运行态势，每逢周末和法定节假日，科普信息传播量明显下降，这与媒体该时段发稿较少相关。8月7日，国家电影局、中国科协印发《关于促进科幻电影发展的若干意见》，相关新闻引发舆论广泛关注，推动科普舆情在8月7日达到峰值。

本月科普舆情热度较高的领域分别为前沿科技、应急避险和生态环境。本月前沿科技类科普舆情热度最高，占比26%。“中国发布工业级5G终端基带芯片”“北斗最新一代高精度定位芯片亮相”“风云四号B卫星完成研制”等相关动态提升了前沿科技领域的舆情热度。应急避险领域引发舆论广泛关注，本月为台风高发期，台风“美莎克”“巴威”影响了我国沿海大部分地区，与台风相关的科普成为舆论关注焦点。在生态环境领域，垃圾分类相关科普获得舆论广泛关注。

二、“科普中国”舆情数据

人民网舆情数据中心监测显示，监测时段内，涉及“科普中国”的网络新闻为47 931篇、报刊1871篇、论坛博客4083篇、微信76 108篇、微博2700条、APP新闻24 013篇。

在本月全网科普信息传播中，微信和网络新闻是主要传播渠道，分别占比48%和31%；APP新闻的传播量也较为突出，占比15%；此外，论坛博客、微博和报刊的传播量稍低于其他平台，分别占比3%、2%和1%。比较发现，本月微信平台的数据量占比环比减少8%，网络新闻和APP新闻平台的信息量占比环比分别增加6%和2%。

本月“科普中国”舆情总体上呈波动运行态势，每逢周末和法定节假日，科普信息传播量下降。舆情峰值出现在8月12日，科普中国网和“科普中国”微信公众号平台中，有关“第二十二届中国科协年会科普产业论坛”的报道获得舆论广泛关注和转载，形成本月“科普中国”舆情传播峰值。

三、科普热点事件

（一）第二十二届中国科协年会科普产业论坛举办

8月11日，第二十二届中国科协年会科普产业论坛在山东青岛举办。相关新闻在本月的分平台传播量如下：网络新闻427篇、论坛博客12篇、报刊9篇、微信240篇、微博14条、APP新闻151篇。

（二）国家电影局、中国科协印发《关于促进科幻电影发展的若干意见》

8月7日，国家电影局、中国科协印发《关于促进科幻电影发展的若干意见》，相关新闻在本月的分平台传播量如下：网络新闻1393篇、论坛博客238篇、微信896篇、微博215条、APP新闻613篇。

（三）第三届中国科普研学大会在上海召开

第三届中国科普研学大会8月27～28日在上海市召开，会议旨在开发整合科普研学资源，搭建共建共享合作平台，推动科普研学健康发展。相关新闻在分平台的传播量如下：网络新闻49篇、报刊7篇、微信25篇、微博3条、APP新闻20篇。

四、科学辟谣热点

本月谣言多与食品健康相关，如“啤酒是高GI（血糖指数）食物，用啤酒做的菜会造成血糖上升”“小米粥的‘米油’营养价值高”等。在传播和辟谣工作中，微信、APP新闻和网络新闻为主要传播渠道。

（一）谣言一：啤酒是高GI食物，用啤酒做的菜会造成血糖上升

该话题的本月传播情况如下：网络新闻53篇、微信71篇、微博16条、APP新闻77篇。

谣言：啤酒是高GI食物，很多用啤酒做的菜也会造成血糖上升。比如将一只鸭子做成啤酒鸭就要用掉300～500克的啤酒，这个量必然会造成人体血糖上升。

真相：用啤酒来做菜不用太担心，因为酒精会在烹调中挥发，糖分留下来增加菜肴的美味，也促进美拉德反应发生，增加香气。即便倒入500克啤酒（含20～25克糖）来炖一只鸭子，也不可能一个人一顿吃完，而是一家人一起吃。实际上一个人一餐中吃进去的来自啤酒的糖仍然是比较少的，不会超过一天的添加糖限量。再者，一餐饭升高血糖的幅度，更多地取决于吃多少主食，而不是炖鸭子时放的料酒或啤酒。

真相来源：科普中国网。

（二）谣言二：小米粥的“米油”营养价值高

该话题的本月传播情况如下：网络新闻101篇、报刊6篇、微信1336篇、

微博 16 条、APP 新闻 83 篇。

谣言：传言小米粥的“米油”营养价值高，“米油”滋补能力极强，“可代参汤”，还可以保护胃黏膜。

真相：小米熬煮之后，大分子淀粉会发生水解反应，产生的小分子糊精、少量脂肪以及未经精磨小米富含的维生素 B_1、维生素 B_2 和钾等营养成分浮在粥的表面，稍微冷却后便成为一层薄薄的“米油”。类似的水解过程也发生在我们的消化过程中：大分子淀粉无法被我们的身体直接利用，需要在酶的作用下分解成小分子多糖，再进一步分解成单糖供我们的身体利用。小米膳食纤维含量丰富，属于粗粮，本身不易消化。对于患有慢性胃炎的人来说，摄入过多的膳食纤维可能增加肠胃负担，出现加重胃肠胀气的症状。所以，相比于完整的小米而言，含有“米油”的小米粥可能更好消化。这也是患有胃肠道疾病的人群需要喝粥促进消化的原因。但是，易于消化并不代表“米油”营养丰富，目前也没有直接证据表明“米油”中的成分能对胃黏膜起到保护作用，至于说“滋补能力极强”“可代参汤”更是夸大其词了。

真相来源：科普中国网。

科普网络舆情9月月报

一、科普舆情数据

人民网舆情数据中心监测显示，2020 年 9 月 1～30 日，涉及科普的网络新闻为 153 348 篇、报刊 9467 篇、论坛博客 31 009 篇、微信 260 737 篇、微博 48 735 条、APP 新闻 89 225 篇。本月科普舆情数据量较 2020 年 8 月稍有减少，总数据量环比减少 1.62%。

本月全网科普信息传播中，微信和网络新闻是主要传播渠道，分别占比 44% 和 26%。此外，APP 新闻、微博、论坛博客和报刊平台的传播量稍低，分别占比 15%、8%、5% 和 2%。网络新闻、报刊平台的舆情量占比环比均增加 1%，APP 新闻和微博平台的舆情量占比环比均减少 1%。

本月科普舆情总体上呈波动运行态势，每逢周末和法定节假日，科普信息传播量明显下降，这与媒体该时段发稿较少相关。9月21日，中共中央政治局委员、国务院副总理刘鹤到中国科技馆参加2020年全国科普日北京主场活动，相关新闻引发舆论广泛关注，推动科普舆情在9月21日达到峰值。

本月科普舆情热度较高的领域分别为前沿科技、应急避险和医疗健康。本月前沿科技类科普舆情热度最高，占比34%。“中国学者通过分析一例过往太阳黑子发现太阳磁场‘放大器’”“长征医院影像科主任解答‘新冠AI诊断效果如何？怎样改进？’”等相关动态提升了前沿科技领域的舆情热度。应急避险领域引发舆论广泛关注，景区消防安全、居民家庭燃气使用安全、电动车安全充电等话题获舆论广泛关注。在医疗健康领域，秋季来了，呼吸道疾病进入高发期，疫情防控、手足口病预防等话题获舆论持续关注。

二、“科普中国”舆情数据

人民网舆情数据中心监测显示，监测时段内，涉及“科普中国”的网络新闻为48 598篇、报刊2310篇、论坛博客3157篇、微信106 744篇、微博24 024条、APP新闻34 639篇。

在本月全网科普信息传播中，微信和网络新闻是主要传播渠道，分别占比49%和22%；APP新闻的传播量也较为突出，占比16%；此外，微博、论坛博客和报刊的传播量稍低于其他平台，分别占比11%、1%和1%。比较发现，本月微信、APP新闻和微博平台的数据量占比环比分别增加1%、1%和9%，网络新闻和论坛博客平台的信息量占比环比分别减少9%和2%。

本月“科普中国”舆情总体上呈波动运行态势，每逢周末和法定节假日，科普信息传播量下降。舆情峰值出现在9月21日，科普中国网和“科普中国”微信公众号平台中，有关2020年全国科普日的报道获得舆论广泛关注和转载，形成本月“科普中国”舆情传播峰值。

三、科普热点事件

（一）2020 年全国科普日活动启动

9 月 19 日是全国科普日，今年科普日的主题为“决胜全面小康，践行科技为民”。相关新闻在本月的分平台传播量如下：网络新闻 17 460 篇、报刊 1360 篇、微博 10 092 条、微信 19 995 篇、论坛博客 994 篇、APP 新闻 8450 篇。

（二）《科普伦理倡议书》发布

9 月 24 日，江苏省常州市召开《科普伦理倡议书》发布会，中国自然科学博物馆学会等 5 家单位联合发布《科普伦理倡议书》。相关新闻在本月的分平台传播量如下：网络新闻 142 篇、报刊 3 篇、论坛博客 3 篇、微信 47 篇、微博 22 条、APP 新闻 63 篇。

（三）第二十七届全国科普理论研讨会在北京召开

9 月 28 日，以“面向未来的科学素质建设”为主题的第二十七届全国科普理论研讨会在北京召开。相关新闻在分平台的传播量如下：网络新闻 70 篇、报刊 2 篇、微信 14 篇、微博 6 条、APP 新闻 30 篇。

四、科学辟谣热点

本月谣言多与食品健康、医疗健康相关，如“海鲜是发物，受伤后不能吃”“眼药水能治疗白内障”等。在传播和辟谣工作中，微信、APP 新闻和网络新闻为主要传播渠道。

（一）谣言一：海鲜是发物，受伤后不能吃

该话题的本月传播情况如下：网络新闻 338 篇、报刊 5 篇、论坛博客 41 篇、微信 1143 篇、微博 45 条、APP 新闻 222 篇。

谣言：受伤之后，不要吃海鲜，海鲜是发物，不利于伤口愈合。

真相：关于受伤之后忌食发物的话题，从古至今均有提及，在民间广为流传，但对于发物的定义，并未在经典的传统医学典籍中明确说明，对于其产生作用的机制也缺乏阐述与证据，在关于海鲜忌口的问题上亦如此。与谣言相反的是，现代医学认为外伤患者作为特殊人群，在伤口愈合过程中身体需要消耗更多的蛋白质，适当提升优质蛋白质的摄入，有助于提升身体的自愈能力。在临床上，也会建议外伤或术后患者在饮食上应适当增加优质蛋白质的比例。海鲜类食物多富含优质蛋白质，因此有利于伤口愈合。另外，一些深海鱼类还富含长链多不饱和脂肪酸（如EPA、DHA），有助于创伤患者修复神经系统，调节炎症免疫反应。由此可见，安全食用海鲜其实不仅不会延缓伤口愈合，其富含的优质蛋白质还有助于提升身体免疫力，促进伤口愈合。

真相来源：科普中国网。

（二）谣言二：眼药水能治疗白内障

该话题的本月传播情况如下：网络新闻459篇、报刊18篇、论坛博客75篇、微信4338篇、微博16条、APP新闻344篇。

谣言：每天滴几滴眼药水，能有效治疗白内障。

真相：眼药水没有这么神奇的作用。抗菌类眼药水主要适用于眼睑、泪道、结膜、角膜等部位的感染性炎症，滴眼液可以用于润滑眼球、缓解视疲劳、缓解沙眼、减少红血丝等。白内障属于器质性病变，患者的晶状体出现了浑浊。如果把眼睛比作相机，白内障就相当于在镜头上贴了块胶布，除了把胶布撕下，没有其他办法。无论是国内还是国外的权威眼科治疗研究机构，都认为手术是治疗白内障唯一有效的方式。因此，凡是宣称能治疗白内障的眼药水，都属于虚假宣传。

真相来源：《工人日报》。

科普网络舆情12月月报

一、科普舆情数据

人民网舆情数据中心监测显示，2020 年 12 月 1～25 日，涉及科普的网络新闻为 134 328 篇、报刊 6836 篇、论坛博客 11 833 篇、微信 157 637 篇、微博 46 353 条、APP 新闻 64 935 篇。本月科普舆情数据量较 2020 年 11 月稍有增加，总数据量环比增加 6.55%。

本月全网科普信息传播中，微信和网络新闻是主要传播渠道，分别占比 37% 和 32%。此外，APP 新闻、微博、论坛博客和报刊平台的传播量稍低，分别占比 15%、11%、3% 和 2%。微信和微博平台的舆情量占比环比分别减少 2% 和 4%；网络新闻、APP 新闻和论坛博客的舆情量占比环比分别增加 4%、1% 和 1%。

本月科普舆情总体上呈波动运行态势，每逢周末和法定节假日，科普信息传播量明显下降，这与媒体该时段发稿较少相关。冬季疫情科普与防控、教育部发布通知强调健康知识科普等相关新闻获得舆论广泛关注，推动科普舆情在 12 月 2 日达到峰值。

本月科普舆情热度较高的领域分别为前沿科技、应急避险和生态环境。本月前沿科技类科普舆情热度最高，占比 34%。嫦娥五号载土而归、《全球工程前沿 2020》报告出炉，相关新闻和后续动态报道提升了前沿科技领域的舆情热度。应急避险领域引发舆论广泛关注，冬季疫情防控、寒潮天气防御、冬季安全用火等与季节相关的应急科普知识获舆论广泛关注。在生态环境领域，环境噪声、清洁能源利用等相关科普话题获得舆论持续关注。

二、“科普中国”舆情数据

人民网舆情数据中心监测显示，监测时段内，涉及“科普中国”的网络新

闻为 14 096 篇、报刊 584 篇、论坛博客 308 篇、微信 27 344 篇、微博 8280 条、APP 新闻 8392 篇。

在本月全网科普信息传播中，微信、网络新闻、APP 新闻和微博是主要传播渠道，分别占比 46%、24%、14% 和 14%。此外，论坛博客和报刊的传播量稍低于其他平台，均占比 1%。比较发现，本月微信和网络新闻平台的数据量占比环比分别增加 8% 和 2%，APP 新闻的信息量占比环比减少 10%。

本月“科普中国”舆情总体上呈波动运行态势，每逢周末和法定节假日，科普信息传播量下降。12 月 22 日，“科普中国”微信公众号发文《新冠变异毒株扩散？多地确认》《专家建议：这几类人春节暂不回家！过年还能吃海鲜吗？这词发布会上被提近 20 次》，文章阅读量超 10 万次，获得众多媒体转载，形成本月“科普中国”舆情传播峰值。

三、科普热点事件

（一）世界公众科学素质促进大会举办

12 月 8 日，2020 年世界公众科学素质促进大会在北京召开。相关报道在本月的分平台传播量如下：网络新闻 1107 篇、报刊 42 篇、论坛博客 44 篇、微信 458 篇、微博 215 条、APP 新闻 392 篇。

（二）《关于表彰全国科普工作先进集体和先进工作者的决定》发布

12 月 18 日，科技部、中央宣传部和中国科协联合下发《关于表彰全国科普工作先进集体和先进工作者的决定》。相关报道在本月的分平台传播量如下：网络新闻 265 篇、报刊 15 篇、论坛博客 5 篇、微信 210 篇、微博 31 条、APP 新闻 128 篇。

（三）“科普中国－我是科学家”2020 年度盛典举行

12 月 12 日，中国科协科普部主办、果壳网承办的“科普中国－我是科学家”2020年度盛典活动在中国科技馆成功举办。相关报道在本月的分平台传播量如下：网络新闻28篇、微信8篇、微博42条、APP新闻14篇。

四、科学辟谣热点

本月，有关节气、天象、饮食健康相关科普话题获得舆论关注，如“冬至日遭遇日环食，庚子年灾难日将至”“以形补形，吃什么就补什么”等谣言在网络中传播。在传播和辟谣工作中，网络新闻和微信为主要传播渠道。

（一）谣言一：冬至日遭遇日环食，庚子年灾难日将至

该话题的本月传播情况如下：网络新闻153篇、报刊34篇、论坛博客2篇、微信202篇、微博35条、APP新闻71篇。

谣言：从地球运行轨迹来看，冬至日这一天黑夜最长，也最阴暗；从太空星际天象来看，2020年冬至日这一天恰逢日环食，属于“天狗吞日”的“凶相”。这一天一定要安稳在家，不要出远门，也不要有太多的户外运动。

真相：这种类似的说法已不是第一次出现了。2012年12月21日也曾被说成是“世界末日”，为此还创作了一部好莱坞灾难大片《2012》。彼时“末日说”甚嚣尘上，成为热门话题，但电影里描绘的可怕场景并没有在现实中发生。仅时隔8年，灾难之说又冒了出来。日食（当然也包括月食）现象的产生与太阳、地球和月球的位置关系有关，在月球环绕地球、地球环绕太阳运转的过程中，在某些时刻月球处在太阳与地球之间，遮挡住了照射到地球上的太阳光，我们观察到的现象就是日食（相应的，地球处于太阳与月球之间遮住原本会照射到月亮上的阳光就是月食）。古人害怕的“天狗吃太阳”不过是普通的自然现象，根本不可能带来什么灾祸。这个冬至日也没有日食现象，更不要说是传闻里的日环食。

真相来源：科普中国网。

（二）谣言二：以形补形，吃什么就补什么

该话题的本月传播情况如下：网络新闻148篇、论坛博客4篇、微信579

篇、微博 133 条、APP 新闻 57 篇。

谣言：吃啥补啥，以形补形，这个观念在老一辈人的心中根深蒂固，肝脏不好吃猪肝，吃腰子能补肾，甚至脚脖子崴了家人还会给炖猪蹄。

真相：以形补形缺少科学依据。比如“吃腰子补肾”，动物肾脏的主要营养成分是蛋白质和脂肪，还有比较高的胆固醇和代谢废物等，吃了并不能治肾亏，更没办法壮阳。即便是里面有一些雄性激素，通过加热烹调和胃酸的作用基本也失活了。“以形补形”莫轻信，均衡饮食，尽量保持营养的全面摄入，对身体才是最好的。

真相来源：科普中国网。

附录二

“科普中国”网络舆情季报

“科普中国”2020年第二季度网络舆情报告

一、科普舆情数据

人民网舆情数据中心监测显示，涉及科普的网络新闻为 558 582 篇、报刊 22 630 篇、论坛博客 126 026 篇、微信 817 996 篇、微博 103 403 条、APP 新闻 261 359 篇。在本季度全网科普信息传播中，微信和网络新闻是主要传播渠道，分别占比 43% 和 30%；APP 新闻和论坛博客的传播量也较为突出，分别占比 14% 和 7%；此外，微博和报刊的传播量稍低于其他平台，分别占比 5% 和 1%。

本季度科普舆情热度较高的三个领域分别为前沿科技、应急避险和健康舆情。前沿科技类科普舆情热度最高，新冠肺炎最新研究进展获得媒体广泛报道，同时，“中国北斗三号系统最后一颗组网卫星发射成功”“北斗全球导航系统星座部署完成”相关动态提升了前沿科技领域的舆情热度。在应急避险领域，四川省、重庆市和贵州省多地降雨天气引发洪涝、泥石流、滑坡等自然灾害，应急避险科普成为舆论关注重点。在健康舆情领域，新型冠状病毒相关科普和辟谣获得舆论聚焦。

二、“科普中国”舆情数据

人民网舆情数据中心监测显示，监测时段内，涉及“科普中国”的网络新闻为 146 309 篇、报刊 5144 篇、论坛博客 12 889 篇、微信 250 952 篇、微博 8340 条、APP 新闻 66 947 篇。在本季度全网科普信息传播中，微信和网络新闻是主要传播渠道，分别占比 51% 和 30%；APP 新闻的传播量也较为突出，占比 14%；此外，论坛博客、微博和报刊的传播量稍低于其他平台，占比均处于 3% 及以下。

三、科普热点事件

(一)全国科技工作者日相关活动

5月30日，第四届全国科技工作者日系列活动启动。相关新闻在本季度的全网传播量如下：网络新闻59 015篇、报刊3355篇、论坛博客3896篇、微信82 156篇、微博3183条、APP新闻18 188篇。

(二)全国两会代表委员讨论科普工作

中国人民政治协商会议第十三届全国委员会第三次会议和中华人民共和国第十三届全国人民代表大会第三次会议分别于5月21日、22日召开。相关新闻在全网的传播量如下：网络新闻7487篇、报刊475篇、论坛博客492篇、微信10 019篇、微博262条、APP新闻2542篇。

(三)世界地球日相关活动获舆论关注

4月22日是第51个世界地球日，相关新闻在全网的传播量如下：网络新闻5276篇、报刊291篇、论坛143篇、微信4115篇、微博545条、APP新闻2081篇。

(四)全国爱眼日科普活动在各地展开

2020年6月6日是第25个全国爱眼日，相关新闻在本季度的全网传播量如下：网络新闻45 772篇、报刊2584篇、论坛博客2354篇、微信62 197篇、APP新闻11 301篇。

四、科学辟谣热点

2020年第二季度的谣言名称和辟谣媒体如附表2-1所示。

附表 2-1　2020 年第二季度的谣言名称和辟谣媒体

序号	谣言名称	辟谣媒体
1	柳絮会携带和传播新冠病毒	中国经济网
2	5G 会传播新冠病毒	《新京报》、科普中国网
3	鸡蛋不宜与豆浆同食	人民网、北青网
4	“鬼压床”真的存在	科普中国网
5	吃粉条会导致白血病	科普中国网、华龙网
6	鸡蛋和海鲜不能同食	中华网、澎湃新闻网
7	新冠病毒最初就是停留在鼻腔黏膜上	浙江在线、澎湃新闻网
8	长骨刺是钙太多了	《科普时报》
9	关节扭伤只要热敷就好	中华网、《洛阳晚报》
10	吃油炸食品会导致白血病	科普中国网、澎湃新闻网
11	久病体虚就要多吃人参	科普中国网
12	推拿可以复位突出的椎间盘	《南方日报》《中国中医药报》
13	小儿拉肚子就是吃坏了	《中国青年报》、人民网
14	洗头不能太勤，否则会头痛	红网、浙江在线
15	得了甲状腺疾病一定要补碘	中华网、东南网
16	芬必得等止痛药可以治疗胃疼	科普中国网
17	富贵包是因为胖	《中国青年报》
18	降压药不能和柑橘一起吃	中国经济网
19	骨关节炎需要吃抗生素消炎	科普中国网
20	服用中药膏方会导致营养过剩	科普中国网
21	固体钙吃多了会得结石	科普中国网
22	使用激素药都会变胖	中国网
23	喝全脂奶容易长胖	央广网、医药网
24	白萝卜可以降血糖	科普中国网

“科普中国”2020年第三季度网络舆情报告

一、科普舆情数据

人民网舆情数据中心监测显示，涉及科普的网络新闻为448 093篇、报刊25 486篇、论坛博客103 298篇、微信818 217篇、微博197 814条、APP新闻275 365篇。在本季度全网科普信息传播中，微信和网络新闻是主要传播渠道，分别占比44%和24%；APP新闻和微博的传播量也较为突出，分别占比15%和11%；此外，论坛博客和报刊的传播量稍低于其他平台，分别占比5%和1%。

本季度科普舆情热度较高的三个领域分别为前沿科技、应急避险和生态环境。前沿科技类科普舆情热度最高，新冠肺炎最新研究进展获得媒体广泛报道；同时，“中国发布工业级5G终端基带芯片”“北斗最新一代高精度定位芯片亮相”相关动态共同提升了前沿科技领域的舆情热度。在应急避险领域，本季度，全国多地发生洪涝、泥石流、滑坡等自然灾害，应急避险科普成为舆论关注焦点。在生态环境领域，国家发展和改革委员会、生态环境部等九部门联合印发《关于扎实推进塑料污染治理工作的通知》，提升了生态环境领域的科普舆情热度；垃圾分类相关科普获得舆论广泛关注。

二、“科普中国”舆情数据

人民网舆情数据中心监测显示，监测时段内，涉及“科普中国”的网络新闻为136 149篇、报刊5936篇、论坛博客12 780篇、微信271 778篇、微博29 312条、APP新闻79 592篇。在本季度全网科普信息传播中，微信和网络新闻是主要传播渠道，分别占比51%和25%；APP新闻的传播量也较为突出，占比15%；此外，微博、论坛博客和报刊的传播量稍低于其他平台，占比均处于6%及以下。

三、科普热点事件

（一）国家电影局、中国科协印发《关于促进科幻电影发展的若干意见》

8 月 7 日，国家电影局、中国科协印发《关于促进科幻电影发展的若干意见》，相关新闻在本季度的全网传播量如下：网络新闻 1937 篇、报刊 78 篇、论坛博客 242 篇、微信 917 篇、微博 236 条、APP 新闻 803 篇。

（二）2020 年全国科普日活动启动

9 月 19 日是全国科普日，今年科普日的主题为“决胜全面小康，践行科技为民”。相关新闻在本季度的全网传播量如下：网络新闻 18 885 篇、报刊 1464 篇、微博 15 470 条、微信文章 21 730 篇、论坛博客 994 篇、APP 新闻 9011 篇。

（三）第二十二届中国科协年会科普产业论坛举办

8 月 11 日，第二十二届中国科协年会科普产业论坛在青岛市举办。相关新闻在本季度的全网传播量如下：网络新闻 533 篇、论坛博客 15 篇、报刊 11 篇、微信 248 篇、微博 19 条、APP 新闻 173 篇。

（四）第二十七届全国科普理论研讨会在北京市召开

9 月 28 日，以“面向未来的科学素质建设”为主题的第二十七届全国科普理论研讨会在北京召开。相关新闻在全网的传播量如下：网络新闻 70 篇、报刊 2 篇、微信 14 篇、微博 6 条、APP 新闻 30 篇。

（五）科普大篷车启动 20 年服务公众超两亿人次

2020 年是我国科普大篷车项目启动第 20 年。相关新闻在全网的传播量如下：网络新闻 510 篇、报刊 44 篇、论坛博客 36 篇、微信 372 篇、微博 4 条、APP 新闻 190 篇。

四、科学辟谣热点

2020 年第三季度的谣言名称和辟谣媒体如附表 2-2 所示。

附表 2-2 2020 年第三季度的谣言名称和辟谣媒体

序号	谣言名称	辟谣媒体
1	高血压是遗传疾病，预防也没有用	科普中国网、澎湃新闻网
2	奥利司他是“无副作用减肥药”	科普中国网、闪电新闻网
3	自来水中有避孕药	国际在线、《潇湘晨报》
4	打呼噜是睡得香	科普中国网、齐鲁晚报网
5	暴雨导致水污染，使得吃西瓜会感染 SK5 病毒	科普中国网、澎湃新闻网
6	小米粥的“米油”营养价值高	科普中国网
7	暴雨后自来水会变浑浊两三天	中华网、《潇湘晨报》
8	地球引力场磁场紊乱引发南方暴雨	科普中国网
9	儿童用药只要“减半”就好	中华网、南海网
10	夏天不适合运动	科普中国网
11	芬必得等止痛药可以治疗胃痛	科普中国网
12	上网课戴蓝光眼镜能防近视	东北新闻网、大众网
13	有机蔬菜比普通蔬菜更有营养，应优先选择	科普中国网
14	吃益生菌能够排出抗生素	澎湃新闻网
15	糖尿病患者可以吃高 GI 食物	科普中国网
16	生乳标准低，所以奶味变淡了	科普中国网、澎湃新闻网
17	塑料包装的食物致癌	中国经济网
18	吃隔夜菜会导致肾衰竭	科普中国网
19	未煮熟豆浆毒死孩子	正北方网
20	“量子原塑”能防癌防糖尿病防高血压	国际在线、《新京报》
21	“分段睡眠法”睡得又少又好	科普中国网
22	海鲜中含微塑料正残害无数中国人	科普中国网
23	眼药水能有效治疗白内障	科普中国网
24	能用磁铁吸住的保温杯就是好保温杯	新华网、《新民晚报》

“科普中国”2020年第四季度网络舆情报告

一、科普舆情数据

人民网舆情数据中心监测显示，涉及科普的网络新闻为358 715篇、报刊19 794篇、论坛博客44 426篇、微信523 480篇、微博175 097条、APP新闻175 966篇。在本季度全网科普信息传播中，微信和网络新闻是主要传播渠道，分别占比40%和28%；APP新闻和微博的传播量也较为突出，分别占比14%和13%；此外，论坛博客和报刊的传播量稍低于其他平台，分别占比3%和2%。

本季度科普舆情热度较高的三个领域分别为前沿科技、应急避险和生态环境。前沿科技类的科普舆情热度最高，“嫦娥五号载土而归”“《全球工程前沿2020》报告出炉”“潘建伟团队量子精密测量获重要进展”“中国首个卫星物联网‘行云工程’第一阶段建设”相关动态共同提升了前沿科技领域的舆情热度。在应急避险领域，疫情防控、寒潮天气防御、秋冬季节防火安全科普知识获舆论广泛关注。12月，应急管理部消防救援局授予8家单位首批国家级应急消防科普教育基地牌匾，相关新闻获得媒体报道和转载。在生态环境领域，大气污染、土壤污染、垃圾分类、可降解塑料、环境噪声、清洁能源利用等话题获得舆论持续关注。

二、“科普中国”舆情数据

人民网舆情数据中心监测显示，监测时段内，涉及“科普中国”的网络新闻为70 824篇、报刊2443篇、论坛博客2412篇、微信157 428篇、微博52 115条、APP新闻47 841篇。在本季度全网科普信息传播中，微信和网络新闻是主要传播渠道，分别占比47%和21%；微博和APP新闻的传播量也较为突出，分别占比16%和14%；此外，报刊和论坛博客的传播量稍低于其他平台，占比均为1%。

三、科普热点事件

（一）2020 中国肿瘤学大会万人科普进基层活动举办

10 月 16 日，2020 年中国肿瘤学大会（CCO）万人科普进基层启动仪式在广州市举行。相关新闻在本季度的全网传播量如下：网络新闻 61 篇、报刊 8 篇、微博 4 条、微信 43 篇、论坛博客 3 篇、APP 新闻 33 篇。

（二）2020 中国科幻大会成功举办

11 月 1～2 日，由中国科协和北京市政府共同主办的 2020 中国科幻大会在北京首钢园召开。相关新闻在本季度的全网传播量如下：网络新闻 3626 篇、论坛博客 146 篇、报刊 243 篇、微博 1335 条、微信 904 篇、APP 新闻 1577 篇。

（三）2020 年全国科普讲解大赛在广州市举办

11 月 13 日，2020 年全国科普讲解大赛在广州圆满落下帷幕。相关报道在本季度的全网传播量如下：网络新闻 226 篇、报刊 15 篇、论坛博客 2 篇、微信 158 篇、微博 5 条、APP 新闻 83 篇。

（四）第二届中国科普创新发展高峰论坛举办

11 月 15 日，第二届中国科普创新发展高峰论坛在深圳会展中心召开。相关报道在本季度的全网传播量如下：网络新闻 27 篇、报刊 2 篇、论坛博客 3 篇、微信 15 篇、微博 2 条、APP 新闻 11 篇。

（五）2020 世界公众科学素质促进大会举行

12 月 8 日，2020 世界公众科学素质促进大会在北京市召开。相关报道在本季度的全网传播量如下：网络新闻 1107 篇、报刊 42 篇、论坛博客 44 篇、微信 458 篇、微博 215 条、APP 新闻 392 篇、视频 26 条。

四、科学辟谣热点

2020 年第四季度的谣言名称和辟谣媒体如附表 2-3 所示。

附表 2-3　2020 年第四季度的谣言名称和辟谣媒体

序号	谣言名称	辟谣媒体
1	今冬将是 60 年来最寒冷冬天	科普中国网、《潇湘晨报》
2	冷链食品外包装发现新冠活病毒，冷冻食品不能吃了	科普中国网
3	手机信号增强贴可明显增强手机信号	科普中国网
4	用脱糖电饭锅蒸饭可降低米饭中 70% 糖分	科普中国网
5	喝汤比吃肉更营养	北京青年网
6	阿司匹林能让鲜花开十天半个月不败	科普中国网
7	登革热可以通过空气传播	澎湃新闻网
8	新冠病毒可以人为制造	环球网
9	冷水吃药会致癌	中国经济网
10	靠牙膏就能杀灭幽门螺杆菌	中国新闻网
11	冬天吃梨可以治咳嗽	新华网
12	心脏支架过时了，在美国已经被淘汰	人民网
13	喉咙湿润可以防流感、防病毒	科普中国网
14	吃泡发食物就会引起中毒	中国甘肃网、澎湃新闻网
15	输液能预防脑卒中	中国新闻网
16	瓜果飘香是因注射了甜蜜素	科普中国网
17	避免胆固醇升高，就得多吃素	《南宁日报》
18	布鲁菌病聚集性感染严重，牛羊肉不能吃了	科普中国网
19	防蓝光眼镜有必要戴	人民网
20	调和油不好	澎湃新闻网
21	蔬菜干可以代替蔬菜	澎湃新闻网
22	鸡蛋黄发青就不能吃了，有致癌风险	科普中国网
23	以形补形，吃什么就补什么	科普中国网
24	冬至日遭遇日环食，庚子年灾难日将至	新华社

附录三

“科普中国”信息员三线、四线、五线城市注册量（2017～2019年）

附表 3-1

三线城市“科普中国”信息员分城市注册量			
城市	“科普中国”信息员注册量 / 人	城市	科普中国信息员注册量 / 人
廊坊市	232	沧州市	203
唐山市	233	商丘市	3 306
咸阳市	1 010	马鞍山	6 357
桂林市	469	蚌埠市	6 502
衡阳市	1 928	三明市	5 780
肇庆市	3 455	海口市	56
九江市	159	盐城市	1 629
株洲市	703	济宁市	7 221
宜春市	133	湛江市	4 609
大庆市	1 097	三亚市	36
汕头市	3 540	宁德市	9 844
乌鲁木齐市	2 516	岳阳市	1 095
揭阳市	3 146	宿迁市	9
邯郸市	278	茂名市	3 683
莆田市	3 926	秦皇岛市	250
上饶市	143	扬州市	2 154
清远市	4 285	呼和浩特市	32 241
襄阳市	200	漳州市	6 121
丽水市	20 506	阜阳市	6 266
驻马店市	3 168	绵阳市	2 821
保定市	277	新乡市	1 928
洛阳市	3 051	信阳市	2 399
泰州市	1 426	邢台市	234
遵义市	32 478	舟山市	148
柳州市	344	荆州市	187
赣州市	117	湖州市	24 921
银川市	19 106	江门市	5 208
连云港市	2 948	芜湖市	7 758
南阳市	2 267	淮安市	2 179
滁州市	7 299	淄博市	5 448
威海市	9 094	宜昌市	155

续表

三线城市“科普中国”信息员分城市注册量			
城市	“科普中国”信息员注册量 / 人	城市	科普中国信息员注册量 / 人
周口市	4 721	潮州市	4 193
鞍山市	2 364	菏泽市	18
德州市	6 531	安庆市	4 859
镇江市	2 998	六安市	5 180
四线城市“科普中国”信息员分城市注册量			
城市	“科普中国”信息员注册量 / 人	城市	“科普中国”信息员注册量 / 人
梅州市	3 363	昭通市	9 828
南充市	3 478	云浮市	29
黄冈市	154	梧州市	215
德阳市	2 399	常德市	1 682
安阳市	3 106	邵阳市	1 665
红河哈尼族彝族自治州	7 995	日照市	7 030
大理白族自治州	7 002	玉林市	386
大同市	2 679	张家口市	309
恩施土家族苗族自治州	136	景德镇	85
永州市	1 604	焦作市	3 827
铜陵市	6 687	抚州市	118
丹东市	2 194	宝鸡市	768
铜仁市	23 493	咸宁市	152
包头市	38 152	益阳市	914
郴州市	1 227	拉萨市	101
孝感市	93	鹰潭市	17
黔南布依族苗族自治州	22 690	运城市	8
亳州市	220	鄂尔多斯市	25 641
怀化市	1 746	吉林市	77 611
渭南市	1 016	韶关市	3 744
赤峰市	22 857	黔东南苗族侗族自治州	21 274
黄石市	163	北海市	141
十堰市	136	平顶山市	3 027

续表

四线城市“科普中国”信息员分城市注册量			
城市	“科普中国”信息员注册量 / 人	城市	“科普中国”信息员注册量 / 人
泸州市	3 101	曲靖市	7 932
漯河市	3 846	乐山市	2 769
吕梁市	2 088	衡水市	12
衢州市	24 694	眉山市	3 702
榆林市	840	绥化市	1 152
西宁市	288	毕节市	12 611
汕尾市	3 803	龙岩市	6 209
宣城市	5 030	南平市	4 755
聊城市	9 593	宿州市	7 686
东营市	8 559	晋中市	3 687
盘锦市	1 603	吉安市	125
枣庄市	7 243	营口市	2 578
承德市	189	临汾市	2 685
延安市	873	淮南市	6 371
安顺市	14 537	河源市	2 831
许昌市	4 258	长治市	2 927
泰安市	7 576	锦州市	3 072
湘潭市	1 364	滨州市	8 760
开封市	2 859	娄底市	1 071
黄山市	5 324	齐齐哈尔市	2 081
宜宾市	2 597	延边朝鲜族自治州	118
阳江市	4 953	葫芦岛市	13
五线城市“科普中国”信息员分城市注册量			
城市	“科普中国”信息员注册量 / 人	城市	“科普中国”信息员注册量 / 人
防城港市	295	攀枝花市	2 402
新余市	117	甘南藏族自治州	17
通辽市	11 882	中卫市	4
铁岭市	2 662	鹤岗市	1 648
广元市	3 873	武威市	1 347

续表

五线城市“科普中国”信息员分城市注册量			
城市	“科普中国”信息员注册量/人	城市	“科普中国”信息员注册量/人
荆门市	172	七台河市	1 336
楚雄彝族自治州	7 759	克孜勒苏柯尔克孜自治州	1 856
伊犁哈萨克自治州	2 324	濮阳市	3 111
吴忠市	20 067	淮北市	5 614
白城市	39 005	晋城市	2 077
资阳市	2 665	张家口市	309
临夏回族自治州	923	西双版纳傣族自治州	13
甘孜藏族自治州	0	广安市	2 403
儋州市	28	河池市	384
怒江傈僳族自治州	5 057	本溪市	2 388
山南市	5	乌兰察布市	25 586
吐鲁番市	2 678	嘉峪关市	1 216
果洛藏族自治州	319	张掖市	1 200
天水市	704	平凉市	1 125
朝阳市	3 062	昌吉回族自治州	2 714
钦州市	381	喀什地区	3 042
四平市	67 816	大兴安岭地区	22
凉山彝族自治州	16	迪庆藏族自治州	6 771
克拉玛依市	3 586	和田地区	3 598
遂宁市	2 409	玉树藏族自治州	373
庆阳市	727	贵港市	19
通化市	42 477	汉中市	536
自贡市	3 008	呼伦贝尔市	19 378
崇左市	431	鄂州市	120
黑河市	2 009	萍乡市	143
白山市	62 175	贺州市	323
双鸭山市	1 141	松原市	61 959
石嘴山市	16 768	随州市	98
辽源市	52 372	巴音郭楞蒙古自治州	2 664
阿勒泰地区	15	雅安市	3 663

续表

五线城市"科普中国"信息员分城市注册量			
城市	"科普中国"信息员注册量 / 人	城市	"科普中国"信息员注册量 / 人
海北藏族自治州	391	陇南市	1 319
三沙市	36	白银市	881
丽江市	5 875	阿坝藏族羌族自治州	3 703
池州市	6 217	商洛市	17
忻州市	3 206	塔城地区	3 255
酒泉市	1 245	博尔塔拉蒙古自治州	3 516
内江市	2 485	海南藏族自治州	301
牡丹江市	1 788	黄南藏族自治州	278
抚顺市	1 964	鹤壁市	3 870
普洱市	7 902	锡林郭勒盟	39 234
兴安盟	13 384	临沧市	6 816
定西市	1 118	朔州市	3 171
哈密市	2 625	阿拉善盟	159
乌海市	31 480	海西蒙古族藏族自治州	8
阿克苏地区	2 301	鸡西市	1 686
金昌市	507	林芝市	3
固原市	11 184	伊春市	1 736
铜川市	813	海东市	265
日喀则市	2	昌都市	24
那曲市	30	阿里地区	3
百色市	434	达州市	3 021
德宏傣族景颇族自治州	8 273	湘西土家族苗族自治州	20
文山壮族苗族自治州	6 263	辽阳市	2 119
佳木斯市	1 602	三门峡市	3 847
黔西南布依族苗族自治州	113	安康市	870
玉溪市	6 795	阜新市	2 720
巴中市	2 750	保山市	5 800
巴彦淖尔市	32 880	来宾市	424
阳泉市	3 529		

附录四

“科普中国”公众满意度调查题目

1. 您对我们的服务总体上满意吗？（满意度参考值）

A. 很满意　　B. 满意　　C. 一般

D. 不满意　　E. 很不满意

2. 您对我们的图文、视频、游戏等内容的科学性满意吗？（科学性）

A. 很满意　　B. 满意　　C. 一般

D. 不满意　　E. 很不满意

3. 您对这些内容的趣味性满意吗？（趣味性）

A. 很满意　　B. 满意　　C. 一般

D. 不满意　　E. 很不满意

4. 您对这些内容的丰富程度满意吗？（丰富性）

A. 很满意　　B. 满意　　C. 一般

D. 不满意　　E. 很不满意

5. 我们希望您感到科学对普通人是有用的，您对这方面内容满意吗？（有用性）

A. 很满意　　B. 满意　　C. 一般

D. 不满意　　E. 很不满意

6. 社会热点话题也能用科学的手法来表现，您对这方面内容满意吗？（时效性）

A. 很满意　　B. 满意　　C. 一般

D. 不满意　　E. 很不满意

7. 您对访问我们的网站、页面或链接的便捷性满意吗？（便捷性）

A. 很满意　　B. 满意　　C. 一般

D. 不满意　　E. 很不满意

8. 您对我们的图文、视频、游戏等的设计制作水平满意吗？（可读性）

A. 很满意　　B. 满意　　C. 一般

D. 不满意　　E. 很不满意

9. 在阅读、浏览、互动、分享等过程中，您对界面和操作的易用性满意吗？（易用性）

A. 很满意　　B. 满意　　C. 一般

D. 不满意　　E. 很不满意

10. 在寻找感兴趣的内容时，您对分类搜索或优先推荐的准确性满意吗？（准确性）

A. 很满意　　B. 满意　　C. 一般

D. 不满意　　E. 很不满意

11. 浏览我们的内容后，您有何收获？

A. 非常同意　　B. 同意　　C. 不确定

D. 不同意　　E. 非常不同意

（1）我获取了优质的科学信息。（关注）

（2）我从中体会到了科学的乐趣。（乐趣）

（3）我对一些科学问题产生了兴趣。（兴趣）

（4）我对一些科学问题有了更深的理解。（理解）

（5）我对一些科学问题形成了自己的看法。（观点）

12. 网络上科学信息的来源有很多，您对我们的态度是？

A. 非常同意　　B. 同意　　C. 不确定

D. 不同意　　E. 非常不同意

（1）我相信这里的科学内容都是真实可靠的。（认知信任）

（2）我会把这里的科学内容推荐给我的家人。（情感信任）

后 记

本书撰写过程中全球正经历着新型冠状病毒的不断变异和疫情的不断反复，科普工作越来越凸显出重要性。这一年，互联网科普数据分析课题组也经历了研究人员和数据合作方的变化。为了给我国科普事业留下珍贵的历史数据，重点反映《全民科学素质行动计划纲要（2006—2010—2020年）》科普信息化工程的实施成果，同时记录互联网科普的年度发展现状，所有作者本着对科普工作的使命感和对科普研究的责任感，最终完成了本书的撰写。

本书共分为四章，第一章是互联网科普舆情数据报告，作者是钟琦、马崑翔（执笔人：马崑翔）；第二章是“科普中国”内容生产及传播数据报告，作者是胡俊平（执笔人：胡俊平）；第三章是“科普中国”信息员发展数据报告，作者是胡俊平、马崑翔、钟琦（执笔人：胡俊平、马崑翔），第四章是“科普中国”公众满意度测评报告，作者是王黎明、马崑翔、钟琦（执笔人：马崑翔）。

在此，报告课题组向联合选题的中国科协科普部和中国科学技术出版社，向人民网科普舆情数据中心表示衷心的感谢。我们将继续关注“科普中国”的发展状况，进一步通过数据分析展现“科普中国”在《全民科学素质行动规划纲要（2021—2035年）》中的新成果。

全体作者

2021年11月